应用型本科信息大类专业"十二五"规划教材

U0343651

数字电子技术

主　编　邓　奕　　王礼平

副主编　周跃佳　　崔　莉　　冷　芳　　葛敏娜

　　　　陈　琳　　王海文

参　编　刘崇凯　　朱逢园　　曾秀莲　　李婵飞

　　　　陈　静　　晏永红　　陈爱菊　　邹　静

　　　　刘　静

华中科技大学出版社

中国·武汉

内 容 简 介

本书由一批具有丰富教学经验和实践经验的高校教师编写,全书概念清晰、结构合理、重点突出、难度适中、实例丰富,便于教学和学习。

本书内容包括:数制和代码、数字逻辑基础、集成逻辑门电路、组合逻辑电路、时序逻辑电路、脉冲波形的产生与整形电路、数/模与模/数转换电路、数字电路系统设计举例等。各章附有习题和答案。

为了方便教学,本书还配有电子课件等教学资源包,任课教师和学生可以登录"我们爱读书"网(www.ibook4us.com)免费下载,或者发邮件至 hustpeiit@163.com 免费索取。

本书可作为高等院校电子信息类、电气类、自动化类、光电类及计算机类等相关专业的教材和教学参考书,也可作为工程技术人员的业务参考资料和感兴趣的读者的自学读物。

图书在版编目(CIP)数据

数字电子技术/邓奕,王礼平主编.—武汉:华中科技大学出版社,2014.6(2024.1重印)
ISBN 978-7-5680-0191-5

I.① 数… II.① 邓… ②王… III.①数字电路-电子技术-高等学校-教材 IV.①TN79

中国版本图书馆 CIP 数据核字(2014)第 135689 号

数字电子技术　　　　　　　　　　　　　　　　　　　　　邓　奕　王礼平　主编

策划编辑:康　序
责任编辑:康　序
封面设计:李　嫚
责任校对:周　娟
责任监印:张正林
出版发行:华中科技大学出版社(中国·武汉)　　　　电话:(027)81321913
　　　　　武汉市东湖新技术开发区华工科技园　　　　邮编:430223
录　　排:武汉正风天下文化发展有限公司
印　　刷:武汉邮科印务有限公司
开　　本:787mm×1092mm　1/16
印　　张:11.75
字　　数:307 千字
版　　次:2024 年 1 月第 1 版第 4 次印刷
定　　价:28.00 元

只有无知，没有不满。

Only ignorant, no resentment.

....................迈克尔·法拉第(Michael Faraday)

迈克尔·法拉第（1791—1867）：英国著名物理学家、化学家，在电磁学、化学、电化学等领域都作出过杰出贡献。

应用型本科信息大类专业"十二五"规划教材

编 审 委 员 会 名 单

前言

PREFACE

数字电路在当今世界的发展过程中,起着举足轻重的作用,其在日常生活中有着广泛的应用。

数字电子技术是电类各专业的主要专业基础课程之一,是电类各专业的主干课程。该课程要求学生掌握数字逻辑电路的基本知识、基本分析方法和基本应用技能,能够对各种基本逻辑单元进行分析和设计,学会使用标准的集成电路和可编程逻辑器件,并初步具备根据实际要求应用这些单元和器件构成简单数字电子系统的能力,为后续专业课程的学习奠定坚实的基础。

本书作者具有丰富的教学经验和实践经验。在本书内容安排上,一方面全面、系统地介绍了数字电路的基本理论和知识,让读者建立直观的概念和分析方法;另一方面,以具体的工程实际数字电路为例,详细地讲解如何设计和制作一件电子作品。相信读者在此基础上通过自己动手实践,必将受益匪浅。

本书内容包括:数制和代码、数字逻辑基础、集成逻辑门电路、组合逻辑电路、时序逻辑电路、脉冲波形的产生与整形电路、数/模与模/数转换电路、数字电路系统设计举例等,各章附有习题和答案。其主要内容介绍如下。

● 第1章,数制和代码。本章主要对数字技术的发展和应用作了全面的介绍,重点讲解了数字电路两个最基本的概念——数制和代码。

● 第2章,数字逻辑基础。本章主要讲解数字逻辑电路的基础,包括基本逻辑运算与逻辑门、复合逻辑运算与逻辑门、逻辑函数及逻辑代数公式、逻辑函数标准表达式、逻辑函数化简和逻辑函数的门电路实现等内容。

● 第3章,集成逻辑门电路。本章主要学习CMOS逻辑门电路和TTL逻辑门电路的基本结构、工作原理和外部特性参数等。

● 第4章,组合逻辑电路。本章主要介绍加法器、数据选择器、数值比较强、编码器和译码器的基本原理和应用。

● 第5章,时序逻辑电路。本章主要讲解触发器、计数器、寄存器、脉冲发生器的基本原理和应用。

● 第 6 章,脉冲波形的产生与整形电路。本章主要介绍脉冲波形的产生与整形电路的工作原理、555 定时电路及其集成定时电路的工作原理和应用。

● 第 7 章,数/模与模/数转换电路。本章主要介绍常用的数/模和模/数转换电路的基本原理、结构和相应集成芯片及其典型应用。

● 第 8 章,数字电路系统设计举例。本章讲解综合数字电路系统设计实例的内容、要求及方法,并且通过几个工程实例来讲解如何设计和制作一件电子产品。

● 附录。其内容主要包括原理图与 PCB 的绘制和常用数字集成电路型号。

本书由汉口学院邓奕、王礼平担任主编,由哈尔滨剑桥学院周跃佳和崔莉、大连海洋大学应用技术学院冷芳、大连工业大学艺术与信息工程学院葛敏娜、安徽农业大学经济技术学院陈琳、大连工业大学王海文担任副主编。其中,周跃佳编写了第 5 章,崔莉编写了第 1、4 章,冷芳编写了第 3 章和附录,邓奕编写了第 2 章,陈琳编写了第 6 章,王礼平编写了第 7 章,葛敏娜与王海文编写了第 8 章。全书由邓奕副教授拟定编写大纲和最后统一定稿,最后由王礼平教授审读了全书。

为了方便教学,本书还配有电子课件等教学资源包,任课教师和学生可以登录"我们爱读书"网(www.ibook4us.com)免费下载,或者发邮件至 hustpeiit@163.com 免费索取。

因编者水平有限,书中难免存在错误和不妥之处,还请读者批评指正。

编　者

2016 年 12 月

目录
CONTENTS

第①章 数制和代码

数字电路在当今世界的发展过程中,起着举足轻重的作用,在日常生活中有着广泛的应用。目前较为常见的 CD、DVD、MP3、手机、IC 卡、PC 等都用到了数字电路的相关技术。尤其是在信息技术高速发展的今天,学习好数字电路的基础知识,可以为今后的学习和发展打下良好的基础。

本章简单介绍了数字技术的发展和应用,以及数字电路两个最基本的概念:数制和代码。通过本章的学习,读者对数字电路将产生一个基本的认识,并且在脑海中建立起数字电路的知识框架,同时培养学习兴趣,为后续章节的学习打下良好的基础。

 1.1 概述

通常情况下将产生、变换、传送、处理模拟信号的电子电路称为模拟电路,与之相对应的,将产生、变换、传送、处理数字信号的电子电路称为数字电路。数字电路用数字信号完成对数字量的算术运算和逻辑运算。由于它具有逻辑运算和逻辑处理功能,所以又称为数字逻辑电路。现代的数字电路由采用半导体工艺制成的若干数字集成器件构造而成。其中,逻辑门是数字逻辑电路的基本单元,存储器是用来存储二值数据的数字电路。从整体上看,数字电路可以分为组合逻辑电路和时序逻辑电路两大类。

数字技术的发展是以电子技术的发展为基础的。20 世纪初至 20 世纪中叶,主要使用的电子器件是真空管,也称为电子管。随着固体微电子学的进步,第一支晶体三极管于 1947 年问世,开创了电子技术的新领域。60 年代初期,模拟和数字集成电路相继问世。20 世纪 70 年代末,由于微处理器的问世,电子器件及其应用出现了崭新的局面。从 20 世纪 80 年代中期开始,专用集成电路(ASIC)制作技术已趋向成熟,标志着数字集成电路发展到了新的阶段。1988 年,集成工艺可以实现在 1 cm² 的硅片上集成 3 500 万个元件。到了 20 世纪 90 年代后期,一片集成电路上可以集成 40 亿个晶体管。进入 21 世纪后,其发展速度相当迅猛,目前芯片内部布线的线宽可以到亚微米($0.13 \sim 0.09$ μm)数量级。随着芯片上元件和布线的缩小,芯片的功耗降低而速度大为提高,如最新生产的微处理器的时钟频率高达 30 GHz。

由于数字电路主要研究对象的输出和输入间的逻辑关系,故数字电路中三极管一般作为开关元件来使用,其工作在开关状态,因而在数字电路中不能采用模拟电路的分析方法。数字电路所采用的分析工具是逻辑代数,主要使用真值表、逻辑表达式及波形图等来描述电路的功能。随着计算机技术的发展,数字电路或数字系统的分析、仿真与设计,可以采用硬件描述语言和 EDA 软件,借助计算机来自动实现。

数字电路和模拟电路相比有以下几个优点。

(1) 较低的成本 数字电路结构简单,易集成和系列化生产,成本低,使用方便。

(2) 较高的可靠性 数字信号在传输时采用高、低电平二值信号,因此数字电路抗干扰能力强,可靠性高,精确性和稳定性都比较高。

(3) 较强的逻辑性 数字电路不仅能完成算术运算,还可以完成逻辑运算,具有逻辑推理和逻辑判断的能力,因此数字电路又称为数字逻辑电路。

(4)较低的损耗 数字电路中的元件大多工作在开关状态,功耗比较小。

(5)较强的时序性 为了实现数字系统逻辑函数的动态特性,数字电路各部分之间的信号必须有着严格的时序关系。因此,时序设计也是数字电路设计的基本技术之一。

(6)较好的抗干扰能力 由于数字电路所处理的是逻辑电平信号,因而从信号处理的角度来看,数字电路系统比模拟电路具有更好的信号抗干扰能力。

正是由于数字电路具有的以上优点,因而在电子计算机、数字通信、数字仪表、数控装置、航天技术等方面得到了广泛的应用。

1.2 数制

在数字系统中,经常要使用四种数制:十进制、二进制、八进制和十六进制。因为数字逻辑电路只能识别和处理二进制数码,所以数字系统中的信息都要用二进制数码表示。不同进制之间还可以相互转换。

1.2.1 十进制数的表示

十进制是人们非常熟悉并经常使用的一种数制,它是以 10 为基数的计数进制。十进制数中,每一位可取 0~9 共计 10 个数码。基数是数制的最基本特征,是指数制中所用数码的个数,故十进制的基数为 10。十进制数的进位法则是逢十进一,就是低位计满十,向高位进一,或者从高位借一,到低位就得十。一个十进制数,可以记为 $(A)_D$,下标 D 表示括号中的 A 为十进制数。例如,十进制数 8349 可以表示为

$$(8349)_D = 8 \times 10^3 + 3 \times 10^2 + 4 \times 10^1 + 9 \times 10^0$$

式中:$10^3, 10^2, 10^1, 10^0$ 为各位的权值,权值从右到左逐位扩大 10 倍;8、3、4、9 为各位的系数。因此,十进制数的数值就是这个数的各位系数与各位权值的乘积之和。

1.2.2 二进制数的表示

二进制是以 2 为基数的计数进制。在二进制中,每一位二进制数有 0、1 两个不同的数码,计数规则为"逢二进一",各位的权为 2 的幂。即为低位计满二,向高位进一,或者从高位借一,到低位就得二。一个二进制数,可以记为 $(A)_B$,下标 B 表示括号中的 A 为二进制数,同时下标也可以用 2 来表示。例如,二进制数 1101 可以表示为

$$(1101)_B = 1 \times 2^3 + 1 \times 2^2 + 0 \times 2^1 + 1 \times 2^0$$

式中:$2^3, 2^2, 2^1, 2^0$ 为各位的二进制权值,权值从右到左逐位扩大 2 倍;1、1、0、1 为二进制各位的系数。因此二进制与十进制相同,一个二进制数的数值就是这个数的各位系数与各位权值的乘积之和。

下面举例说明一下十进制数和二进制数之间的转换。

【例 1-1】 求 $(1101)_B$ 的十进制数值。

【解】 $(1101)_B = 1 \times 2^3 + 1 \times 2^2 + 0 \times 2^1 + 1 \times 2^0 = 13$

【例 1-2】 求 9 的二进制数值。

【解】 $9 = 1 \times 2^3 + 0 \times 2^2 + 0 \times 2^1 + 1 \times 2^0 = (1001)_B$

通过以上的两个例子,可以了解一些十进制数和二进制数之间相互转化基本方法。对于一个 n 位的二进制数,如果要将其转换成十进制数,首先要将其分解为各位系数和权值相乘再求和的形式。最高位的权值为 2^{n-1},后面的权值依次除以 2,直到分解到 2^0 为止,然后将各位的系数提取出来,则组合成了与十进制数所对应的二进制数。而对于一个十进制数,

首先要判断当它转换成二进制数时的最高位的权值,当 2^{n+1} 大于该十进制数而 2^{n} 小于该十进制数时,该十进制数转换成二进制数的最高位的权值即为 2^{n},然后后面的系数也按照此方法来确定,从而最终确定一共有多少个"1"和多少个"0",并确定其排列顺序,从而完成十进制数与二进制数之间的转换。这里的方法只是一个初步的方法,在后面还将会介绍比较简单的方法,并将对这两种方法进行进一步的讨论。在数字系统中,通常使用二进制数码表示信息。1 位二进制数可以表示数字系统中的 1 位信息,因此,位是数字系统中最小的信息量。

1.2.3　八进制数和十六进制数的表示

1. 八进制数

在八进制数中,每个数位上规定使用的数码为 $0 \sim 7$,共 8 个,其进位基数只为 8,其计数规则为"逢八进一",各位的权值为 8 的幂。即低位计满 8 向高位进一,或者从高位借一到低位即得 8。一个八进制数可以记为 $(A)_O$,下标 O 表示括号中的 A 为八进制数。例如,八进制数 451 可表示为

$$(451)_O = 4 \times 8^2 + 5 \times 8^1 + 1 \times 8^0$$

式中:8^2,8^1,8^0 为各位的权值,权值从右到左逐位扩大 8 倍;4、5、1 为各位的系数。因此,八进制数也是各位的系数与各位权值乘积之和。

2. 十六进制数

十六进制数和八进制数大同小异。在十六进制数中,每个数位上规定使用的数码为 $0 \sim 9$、A、B、C、D、E 和 F 共 16 个,故其进位基数为 16,其计数规则为"逢十六进一",各位的权值为 16 的幂。即低位计满 16 向高位进一,或者从高位借一到低位即得 16。一个十六进制数可以记为 $(A)_H$,下标 H 表示括号中的 A 为十六进制数。例如,十六进制数 16 可表示为

$$(16)_H = 1 \times 16^1 + 6 \times 16^0$$

式中:16^1,16^0 称为各位的权值,权值从右到左逐位扩大 16 倍;1、6 为各位的系数。因此十六进制数和其他数制数一样也是各位的系数与各位权值的乘积之和。

【例 1-3】　将 $(35)_H$ 表示成十进制数。

$$(35)_H = 3 \times 16^1 + 5 \times 16^0 = 53$$

1.3　数制间的转换

灵活掌握不同数制之间的转换,将为后面的学习打下良好的基础。

1.3.1　其他进制数转换为十进制数

将二进制数、八进制数和十六进制数转换成十进制数的方法是通用的,都是将所给数的各位的系数与各位权值相乘,然后求其和,即可得出相应的十进制数。这一方法,在前面的介绍中已经提到过,这里不再赘述。

1.3.2　十进制数转换为其他进制数

1. 十进制数转换成二进制数

在上一小节中已经简单介绍了一种十进制数转换成二进制数的方法,但是该方法的转换效率比较低,而且对于小数部分的转换,不是很适用。下面介绍另一种将十进制数转换成二进制数的方法。

下面以十进制数 125.45 为例,说明十进制数转换成二进制数的方法。首先要对整数部分进行转换,基本思想是除 2 取余。有

$$2 \,\big|\, 125 \quad \cdots\cdots 余1b_0(最低位)$$
$$2 \,\big|\, 62 \quad \cdots\cdots 余0b_1$$
$$2 \,\big|\, 31 \quad \cdots\cdots 余1b_2$$
$$2 \,\big|\, 15 \quad \cdots\cdots 余1b_3$$
$$2 \,\big|\, 7 \quad \cdots\cdots 余1b_4$$
$$2 \,\big|\, 3 \quad \cdots\cdots 余1b_5$$
$$2 \,\big|\, 1 \quad \cdots\cdots 余1b_6(最高位)$$
$$0$$

由上可知,这种方法的步骤就是用给出的十进制数反复除以 2,第一次除法所得的余数作为转换后所得二进制数的最低位,最后一次除法所得的余数作为转换后所得二进制数的最高位,其他位即依次写出相应的余数,直到商为 1 为止,此时的余数 1 即为最高位,最后所得二进制数即为将所得余数从下到上排列所得。即 $125=(1111101)_B$。

最后进行一次验算,验证结果是否正确,即

$$1\times2^6+1\times2^5+1\times2^4+1\times2^3+1\times2^2+0\times2^1+1\times2^0=125$$

接下来要将十进制数的小数部分转换成二进制,其基本思想是乘 2 取整。具体过程如下。

$$0.45\times2=0.9 \qquad b_{-1}=0$$
$$0.9\times2=1.8 \qquad b_{-2}=1$$
$$0.8\times2=1.6 \qquad b_{-3}=1$$
$$0.6\times2=1.2 \qquad b_{-4}=1$$
$$0.2\times2=0.4 \qquad b_{-5}=0$$
$$0.4\times2=0.8 \qquad b_{-6}=0$$
$$0.8\times2=1.6 \qquad b_{-7}=1$$
$$0.6\times2=1.2 \qquad b_{-8}=1$$

由上可知,第一次乘法所得结果的整数部分是 0,这一位是二进制小数的小数点后的第一位。十进制数的小数部分转换成二进制数有可能是无穷无尽的,因此一般需要规定一个精度,在本式中精度为 e,要求 $e<2^{-8}$。因此小数部分转换结果为 $0.45=(0.01110011)_{B+e}$。

综合整数部分和小数部分的转换结果,可以得到

$$125.45=(1111101.01110011)_{B+e}$$

【例 1-4】 将十进制数 20.375 转换成二进制数。

【解】 首先转换整数部分 20,有

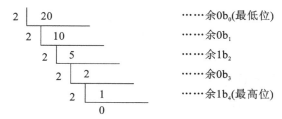

$$2 \,\big|\, 20 \quad \cdots\cdots 余0b_0(最低位)$$
$$2 \,\big|\, 10 \quad \cdots\cdots 余0b_1$$
$$2 \,\big|\, 5 \quad \cdots\cdots 余1b_2$$
$$2 \,\big|\, 2 \quad \cdots\cdots 余0b_3$$
$$2 \,\big|\, 1 \quad \cdots\cdots 余1b_4(最高位)$$
$$0$$

结果是:$20=(10100)_B$

接着转换小数部分 0.375,有

$$0.375\times2=0.75 \qquad b_{-1}=0$$
$$0.75\times2=1.5 \qquad b_{-2}=1$$
$$0.5\times2=1.0 \qquad b_{-3}=1$$

与之前不同的是小数部分最终可以为 0,所以计算完毕。

结果是:$0.375 = (0.011)_B$

综合整数和小数,最终结果:$20.375 = (10100.011)_B$。

2．十进制数转换为八进制数和十六进制数

十进制数转换成八进制数和十六进制数的方法与十进制数转换成二进制数的方法类似,整数部分也是采用取余法,小数部分还是采用去整法。下面举两个例子,读者可以根据例子理解其相似之处。

【例 1-5】 将十进制数 2046 转换成八进制数。

【解】

```
8 | 2046      ……余6b₀(最低位)
  8 | 255     ……余7b₁
    8 | 31    ……余7b₂
      8 | 3   ……余3b₃(最高位)
        0
```

结果是:$2046 = (3776)_O$

【例 1-6】 将十进制数 15384 转换成十六进制数。

【解】

```
16 | 15384     ……余8b₀(最低位)
  16 | 961     ……余1b₁
    16 | 60    ……余12b₂
      16 | 3   ……余3b₃(最高位)
         0
```

结果是:$15384 = (3C18)_H$

1.3.3　二进制数与八进制数、十六进制数之间的转换

1．二进制数和八进制数之间的相互转换

二进制数和八进制数之间的相互转换非常方便。从二进制数的表示方法来看,每 3 位二进制数就可以表示 1 位八进制数。因此 3 位二进制数所表示的系数即为八进制数中相应位的系数,转换的顺序以小数点为界,整数部分依次向左转换,小数部分依次向右转换,从低位到高位,高位不够 3 位用 0 补齐。下面举例说明。

【例 1-7】 将二进制数 11010110 转换成八进制数。

【解】

```
011    010    010
 ↓      ↓      ↓
 3      2      6
```

结果是:$(11010110)_B = (326)_O$

【例 1-8】 将八进制数 731 转换成二进制数。

【解】

```
 7      3      1
 ↓      ↓      ↓
111    011    001
```

结果是:$(731)_O = (111011001)_B$

2．二进制数和十六进制数之间的转换

二进制数和十六进制数之间的相互转换与二进制数和八进制数之间的相互转换的方法相同。不同之处在于，二进制数转换成十六进制是将二进制数的每 4 位表示十六进制的 1 位，他们的权值的积也刚好是 16 的倍数。4 位二进制数所表示的系数即为十六进制数中相应的系数，转换的顺序同样是以小数点为界，依次向左、向右转换，从低位到高位，高位不够 4 位用 0 补齐。下面也将举例说明。

【例 1-9】　将二进制数 11101100100.1001011 转换成十六进制数。

【解】

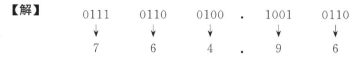

结果是：$(11101100100.1001011)_B = (764.96)_H$

【例 1-10】　将十六进制数 $(BCA3)_H$ 转换成二进制数。

【解】

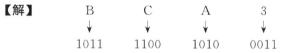

结果是：$(BCA3)_H = (1011110010100011)_B$

 ## 1.4　二进制代码

数字电路系统中处理的信息是离散信息，而这些离散信息只有转换成二进制码才能被数字系统识别。

用一定位数的二进制码，按一定的规则来表示数字、字母、符号和其他离散信息的过程称为编码。这些二进制码称为代码。在这些代码中最常用的为二-十进制码，即 BCD 码。BCD 码是一种用 4 位二进制码来表示 1 位十进制数的代码，常见的 BCD 码有 8421BCD 码、2421BCD 码、4221BCD 码、5421BCD 码和余 3 码等，如表 1-1 所示。

表 1-1　常见的 BCD 码

十进制数	8421BCD	2421BCD	4221BCD	5421BCD	余 3 码
0	0000	0000	0000	0000	0011
1	0001	0001	0001	0001	0100
2	0010	0010	0010	0010	0101
3	0011	0011	0011	0011	0110
4	0100	0100	0110	0100	0111
5	0101	0101	0111	1000	1000
6	0110	0110	1100	1001	1001
7	0111	0111	1101	1010	1010
8	1000	1110	1110	1011	1011
9	1001	1111	1111	1100	1100

其中，最常见的当属 8421BCD 码，它是使用最广泛的一种 BCD 码。8421BCD 码的每 1 位都具有同二进制数相同的权值，即从高位到低位的权值依次为 8、4、2、1，因此称为 8421BCD 码，在 8421BCD 码中只使用了 0000～1001 这 10 种状态。

1.4.1 格雷码

格雷码也称为循环码、单位间距码或反射码,经常以格雷码盘的形式出现,用来记录二进制数。格雷码的特点是相邻码组中仅有 1 位码值发生变化。用格雷码表示信息时,相邻码组之间不会出现其他码组,因此格雷码是一种错误最小化的代码,表 1-2 所示的为十进制数 0~9 的格雷码表示方式。

表 1-2　十进制数 0~9 的格雷码表示

十进制数	格雷码	十进制数	格雷码
0	0000	5	0111
1	0001	6	0101
2	0011	7	0100
3	0010	8	1100
4	0110	9	1101

1.4.2 ASCII 码

ASCII 码是美国信息交换标准代码,它被广泛地应用于计算机和数字通信中。ASCII 码用 7 位二进制码表示,它可以用来表示数字、字符、符号和特殊控制符。例如,数字 8 用 ASCII 码表示为 $b_6 b_5 b_4 b_3 b_2 b_1 = 0111000$,或者用十六进制缩写为 $(38)_H$。又如,符号 @ 可表示为 1000000,或者用十六进制缩写为 $(40)_H$。ASCII 码表如表 1-3 所示。

表 1-3　ASCII 码表

$b_3 b_2 b_1 b_0$ ＼ $b_6 b_5 b_4$	000	001	010	011	100	101	110	111
0000	NUL	DLE	SP	0	@	P	`	p
0001	SOH	DC1	!	1	A	Q	a	q
0010	STX	DC2	"	2	B	R	b	r
0011	ETX	DC3	#	3	C	S	c	s
0100	EOT	DC4	$	4	D	T	d	t
0101	ENQ	NAK	%	5	E	U	e	u
0110	ACK	SYN	&	6	F	V	f	v
0111	BEL	ETB	'	7	G	W	g	w
1000	BS	CAN	(	8	H	X	h	x
1001	HT	EM	)	9	I	Y	i	y
1010	LF	SUB	*	:	J	Z	j	z
1011	VT	ESC	+	;	K	[	k	{
1100	FF	FS	,	<	L	\	l	|
1101	CR	GS	—	=	M	]	m	}
1110	SO	RS	.	>	N	^	n	~
1111	SI	US	/	?	O	_	o	DEL

习 题 1

1. 什么是模拟信号？什么是数字信号？

2. 将下列十进制数转换成二进制数。

    (1) 45   (2) 213   (3) 500

    (4) 176   (5) 32.375   (6) 84.125

3. 将下列二进制数转换成十进制数。

    (1) 110011   (2) 1100   (3) 10110.11

4. 将下列二进制数转换成八进制数。

    (1) 1010110   (2) 110011   (3) 1011.011

习题 1 答案

1.【答】模拟信号指瞬时值随时间连续变换的信号;数字信号是离散时间信号的数字化表示。

2. (1)101101;(2) 11010101;(3) 111110100;(4) 10110000;(5) 100000.011;(6) 1010100.001

3. (1) 51;(2) 12;(3) 22.75

4. (1) 126;(2) 63;(3) 13.3

第②章 数字逻辑基础

本章主要讲解数字逻辑电路的基础,主要包括基本逻辑运算与逻辑门、复合逻辑运算与逻辑门、逻辑函数及逻辑代数公式、逻辑函数标准表达式、逻辑函数化简和逻辑函数的门电路实现等内容。

教学要求

本章需重点掌握基本逻辑运算与逻辑门、复合逻辑运算与逻辑门、逻辑函数化简和逻辑函数的门电路实现。

2.1 基本逻辑运算与逻辑门

2.1.1 基本逻辑运算

数字电路中最基本的逻辑运算有 3 种,即逻辑与、逻辑或和逻辑非。

1. 逻辑与

逻辑与可以这样描述:只有当决定一个事件的所有条件都同时成立时,事件才会发生。如果用 F 表示某一个事件是否发生,用 A 和 B 分别表示决定这个事件发生的两个条件,那么逻辑与可表示为:

$$F = A \cdot B$$

其中,"·"为逻辑与的运算符号,A·B 读为"A 与 B"。通常逻辑与运算符号"·"在运算中可以省略,即上式可写为:

$$F = AB$$

F＝AB 称为逻辑表达式,A、B、F 都是逻辑变量,F 是 A 和 B 的逻辑函数。逻辑变量只有两种状态,即真(用 1 表示)或者假(用 0 表示)。

逻辑取值的 1 或者 0 并不表示数值的大小,而是表示完全对立的两个逻辑状态,可以是条件的有或无,事件的发生或不发生,开关的通或断,灯的亮或灭,电压的高或低等。

逻辑与的运算规则为:①0·0=0;②1·0=0;③0·1=0;④1·1=1。

2. 逻辑或

逻辑或可以这样描述:在决定一个事件的几个条件中,只要其中一个或者一个以上的条件成立,事件就会发生。两变量逻辑或可以表示为:

$$F = A + B$$

其中,"＋"为逻辑或的运算符号,A＋B 读为"A 或 B"。

逻辑或的运算规则为:①0+0=0;②1+0=1;③0+1=1;④1+1=1。

3. 逻辑非

逻辑非运算也称为逻辑反运算。逻辑变量 A 的逻辑非表达式为:

$$F = \overline{A}$$

其中,"—"为逻辑非运算符号,$\overline{A}$ 读为"A 非"。

2.1.2 基本逻辑门电路

逻辑运算是由逻辑门电路实现的,实现与、或、非三种逻辑运算的电路分别称为与门、或门和非门。为了给出逻辑门运算的原理和概念,下面分别介绍由二极管或三极管构成的原理性的基本逻辑门电路。

1. 与门

图 2-1(a)所示的是由二极管构成的,有两个输入端的与门电路。其中,A 和 B 为输入端,F 为输出端。假定二极管是硅管,正向压降为 0.7 V,输入高电平为 3 V,低电平为 0 V,下面来分析这个电路如何实现逻辑与运算的。输入 u_A 和 u_B 的高、低电平共有四种不同的情况。

两输入与门的国标逻辑符号和国外使用的逻辑符号分别如图 2-1(b)、(c)所示,本书以后章节中逻辑门均采用国标逻辑符号。

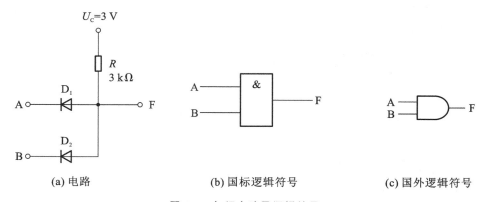

(a) 电路　　　　　　(b) 国标逻辑符号　　　　　　(c) 国外逻辑符号

图 2-1　与门电路及逻辑符号

(1) $u_A = u_B = 0$ V。在这种情况下,显然二极管 D_1 和 D_2 都处于正向偏置,D_1 和 D_2 都导通。由于二极管的钳位作用,$u_F = u_A(u_B) + 0.7$ V $= 0.7$ V。

(2) $u_A = 0$ V,$u_B = 3$ V。由于 $u_A = 0$ V,故 D_1 先导通。由于二极管钳位作用,$u_F = 0.7$ V。此时 D_2 反偏,处于截止状态。

(3) $u_A = 3$ V,$u_B = 0$ V。由于 $u_B = 0$ V,故 D_2 先导通,$u_F = 0.7$ V。此时,D_1 反偏,处于截止状态。

(4) $u_A = 3$ V,$u_B = 3$ V。在这种情况下,D_1 和 D_2 都截止。$u_F = U_C = 3$ V。

将上述输入与输出电平之间的对应关系进行整理,如表 2-1 所示。假定用高电平 3 V 代表逻辑取值 1,用低电平 0 V 或 0.7 V 代表逻辑取值 0,则可以把表 2-1 中输入-输出电平关系转换为输入-输出逻辑关系表,逻辑关系表称为逻辑真值表,如表 2-2 所示。

表 2-1　输入-输出电平关系

输入/V		输出 u_F/V
u_A	u_B	
0	0	0.7
0	3	0.7
3	0	0.7
3	3	3

表 2-2　与逻辑真值表

输入		输出 F
A	B	
0	0	0
0	1	0
1	0	0
1	1	1

由表 2-2 可以看出,只有输入变量 A 和 B 都为 1(即逻辑真),输出变量(逻辑函数)F 才为 1(即逻辑真)。由此可知,输入变量 A、B 与逻辑函数 F 是逻辑与关系。

因此,图 2-1(a)所示的电路是实现逻辑与运算的与门,即

$$F = A \cdot B$$

2. 或门

图 2-2(a)所示的是由二极管构成的有两个输入端的或门,图 2-2(b)、(c)分别为其国标逻辑符号和国外逻辑符号。

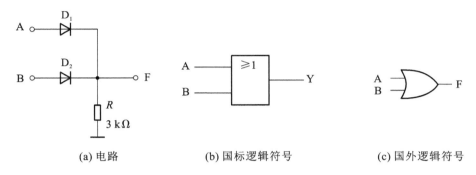

(a) 电路   (b) 国标逻辑符号   (c) 国外逻辑符号

图 2-2   或门电路及逻辑符号

(1) $u_A = u_B = 0$ V。此时,D_1 和 D_2 都截止,u_F 通过 R 接地,即 $u_F = 0$ V。

(2) $u_A = 0$ V,$u_B = 3$ V。在这种情况下,D_2 先导通,因二极管的钳位作用,$u_F = u_B - 0.7$ V $= 2.3$ V。此时,D_1 截止。

同理,在 $u_A = 3$ V,$u_B = 0$ V 和 $u_B = u_A = 3$ V 的情况下,均可得出 $u_F = 2.3$ V。

如果将高电平 2.3 V 和 3 V 代表逻辑 1,0 V 代表逻辑 0,那么根据上述分析结果,可以得到如表 2-3 所示或逻辑真值表。通过真值表可以看出,只要输入中有一个 1(即逻辑真),输出就为逻辑 1(即逻辑真)。由此可知,输入变量 A、B 与逻辑函数 F 之间的逻辑关系是逻辑或关系。

表 2-3   或逻辑真值表

输入		输出 F
A	B	
0	0	0
0	1	1
1	0	1
1	1	1

因此,图 2-2(a)所示的电路是实现逻辑或运算的或门,即

$$F = A + B$$

3. 非门

图 2-3 所示的是由三极管(NPN 型硅管)构成的非门电路及其逻辑符号,非门也称为反相器。在逻辑电路中,三极管一般工作在截止或饱和导通状态。

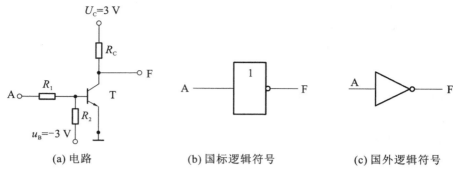

| (a) 电路 | (b) 国标逻辑符号 | (c) 国外逻辑符号 |

图 2-3 非门逻辑符号

（1）$u_A = 0$ V。由于 $u_A = 0$ V，三极管 T 的基极电压 $u_B < 0$ V，发射结和集电结都反偏，所以三极管处于截止状态，$u_F = U_C = 3$ V。

（2）$u_A = 3$ V。由于 $u_A = 3$ V，三极管 T 发射结正偏，T 导通并处于饱和状态（可以设计电路使基极电流大于临界饱和基极电流，在这种情况下，三极管为饱和导通状态）。三极管 T 饱和导通时，集电极和发射极之间电压 $u_{CE} \approx 0.3$ V，因此，$u_F = 0.3$ V。

假定用高电平 3 V 代表逻辑 1，低电平 0 V 和 0.3 V 代表逻辑 0，根据上述分析结果，可得到电路逻辑真值表如表 2-4 所示。根据真值表可知电路是实现逻辑非的非门。

表 2-4   非逻辑真值表

输入 A	输出 F
0	1
1	0

2.2   复合逻辑运算与逻辑门

在逻辑代数中，将基本的与、或、非逻辑运算组合，可实现多种复合逻辑运算关系，实现复合逻辑运算的逻辑门称为复合逻辑门。复合逻辑门有与非门、或非门、与或非门、异或门、异或非门（同或门）等。

1. 与非运算及与非门

由逻辑与和逻辑非组合可实现与非逻辑运算，即

$$F = \overline{AB}$$

实现与非运算的门电路是与非门，两输入端与非门的真值表如表 2-5 所示，其逻辑符号如图 2-4 所示。

表 2-5   两输入端与非门逻辑真值表

输入		输出 F
A	B	
0	0	1
0	1	1
1	0	1
1	1	0

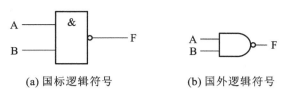

(a) 国标逻辑符号　　　(b) 国外逻辑符号

图 2-4　与非门逻辑符号

2. 或非运算及或非门

由逻辑或和逻辑非组合可实现或非逻辑运算,即

$$F = \overline{A + B}$$

实现或非运算的门电路是或非门,两输入端或非门的真值表如表 2-6 所示,其逻辑符号如图 2-5 所示。

表 2-6　两输入端或非门逻辑真值表

输 入		输出 F
A	B	
0	0	1
0	1	0
1	0	0
1	1	0

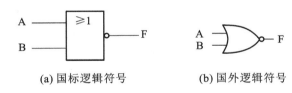

(a) 国标逻辑符号　　　(b) 国外逻辑符号

图 2-5　或非门逻辑符号

3. 与或非运算及与或非门

由逻辑与、逻辑或和逻辑非组合可实现与或非逻辑运算,即

$$F = \overline{AB + CD}$$

实现与或非运算的门电路是与或非门,四输入端与或非门的真值表如表 2-7 所示,其逻辑符号如图 2-6 所示。

表 2-7　四输入与或非逻辑真值表

输 入				输出 F
A	B	C	D	
0	0	0	0	1
0	0	0	1	1
0	0	1	0	1
0	0	1	1	0
0	1	0	0	1
0	1	0	1	1

输　　入				输出 F
A	B	C	D	
0	1	1	0	1
0	1	1	1	0
1	0	0	0	1
1	0	0	1	1
1	0	1	0	1
1	0	1	1	1
1	1	0	0	0
1	1	0	1	0
1	1	1	0	0
1	1	1	1	0

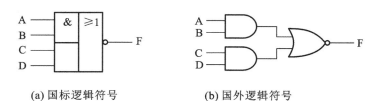

(a) 国标逻辑符号　　　　　　　(b) 国外逻辑符号

图 2-6　与或非门逻辑符号

4. 异或运算及异或门

由逻辑非、逻辑与和逻辑或组合可实现异或逻辑运算,即

$$F = A\overline{B} + \overline{A}B = A \oplus B$$

其中,"$\oplus$"为异或逻辑运算符号,读为"异或"。

异或逻辑的运算规则为:①$0 \oplus 0 = 0$;②$0 \oplus 1 = 1$;③$1 \oplus 0 = 1$;④$1 \oplus 1 = 0$。

实现异或运算的门电路是异或门,异或门的真值表如表 2-8 所示,其逻辑符号如图 2-7 所示。

表 2-8　异或逻辑真值表

输　　入		输出 F
A	B	
0	0	0
0	1	1
1	0	1
1	1	0

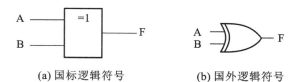

(a) 国标逻辑符号　　　　　　　(b) 国外逻辑符号

图 2-7　异或门逻辑符号

5．异或非(同或)运算及异或非门

由异或逻辑和逻辑非组合可实现异或非逻辑运算,也称为同或逻辑运算,即

$$F=\overline{A\oplus B}=\overline{\overline{A}\,\overline{B}+\overline{AB}}=AB+\overline{A}\,\overline{B}=A\odot B$$

其中,"⊙"为同或逻辑运算符号,读为"同或"。

同或逻辑的运算规则为:① $0\odot 0=1$;② $0\odot 1=0$;③ $1\odot 0=0$;④ $1\odot 1=1$。

实现同或运算的门电路是同或门,同或门的真值表如表 2-9 所示,逻辑符号如图 2-8 所示。

表 2-9　同或逻辑真值表

A	B	F
0	0	1
0	1	0
1	0	0
1	1	1

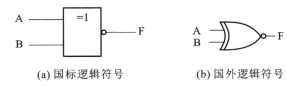

(a) 国标逻辑符号　　　　　(b) 国外逻辑符号

图 2-8　同或(异或非)门逻辑符号

 ## 2.3　逻辑函数及逻辑代数公式

2.3.1　逻辑函数

数字电路研究的是数字电路的输入与输出之间的因果关系,也即逻辑关系。逻辑关系一般由逻辑函数来描述。普通代数的函数是随自变量变化而变化的因变量,函数与变量之间的关系可以用代数方程来表示,逻辑函数也是如此。逻辑代数用字母 A、B、C 等表示变量,称为逻辑变量。在数字电路中,输入变量是自变量,输出变量是因变量,也即是逻辑函数。通常称具有二值逻辑状态的变量为逻辑变量,称具有二值逻辑状态的函数为逻辑函数。

在逻辑代数中,逻辑函数一般用由逻辑变量 A、B、C 等和基本逻辑运算符号·(与)、+(或)、-(非)及括号、等号等构成的表达式来表示。如在 2.2 节已经介绍过下述表达式:

$$F=\overline{AB}$$
$$G=\overline{A+B}$$
$$H=\overline{AB+CD}$$
$$I=A\,\overline{B}+\overline{A}B$$

在这些逻辑函数表达式中,A、B、C、D 等称为逻辑变量,F、G、H、I 等称为逻辑函数。$\overline{A}$ 和 $\overline{B}$ 等称为反变量,A、B 等称为原变量。逻辑函数的一般表达式为

$$F=f(A,B,C,\cdots)$$

假设有两个逻辑函数为

$$F_1 = f_1(A_1, A_2, A_3, \cdots, A_n)$$
$$F_2 = f_2(A_1, A_2, A_3, \cdots, A_n)$$

如果对应于变量 $A_1, A_2, A_3, \cdots, A_n$ 的任意一组逻辑取值，F_1 和 F_2 的取值相同，则

$$F_1 = F_2$$

在逻辑代数中，最基本的逻辑运算有与运算、或运算和非运算。由这三种基本逻辑运算可组合成与非、或非、与或非、异或、异或非等复合逻辑运算。有关这些逻辑运算的概念已在 2.2 节介绍过，这些运算是在数字电路中经常用到的。

2.3.2 逻辑代数基本定律和常用公式

1. 基本定律

逻辑代数的基本定律如表 2-10 所示。

表 2-10 逻辑代数的基本定律

定律名称	逻辑代数表达式	
0-1	$A \cdot 0 = 0$	$A + 1 = 1$
自等律	$A \cdot 1 = A$	$A + 0 = A$
重叠律	$A \cdot A = A$	$A + A = A$
互补律	$A \cdot \overline{A} = 0$	$A + \overline{A} = 1$
交换律	$AB = BA$	$A + B = B + A$
结合律	$A(BC) = (AB)C$	$A + (B + C) = (A + B) + C$
分配律	$A(B + C) = AB + AC$	$A + BC = (A + B)(A + C)$
吸收律	$A(A + B) = A$	$A + AB = A$
反演律（摩根定理）	$\overline{AB} = \overline{A} + \overline{B}$	$\overline{A + B} = \overline{A}\,\overline{B}$
双重否定律	$\overline{\overline{A}} = A$	

以上这些基本定律可以用真值表进行证明。例如，要证明反演律（也称摩根定理），可将变量 A、B 的各种取值分别代入等式两边，其真值表如表 2-11 所示。从真值表可以看出，等式两边的逻辑值完全对应相等，所以反演律成立。

表 2-11 证明摩根定理真值表

A	B	AB	$\overline{AB}$	$\overline{A} + \overline{B}$	$\overline{A + B}$	$\overline{A}\,\overline{B}$
0	0	0	1	1	1	1
0	1	0	1	1	0	0
1	0	0	1	1	0	0
1	1	1	0	0	0	0

2. 常用公式

逻辑代数的常用公式如下。

公式 1 $AB + A\overline{B} = A$

证明 $AB + A\overline{B} = A(B + \overline{B}) = A$

公式 2 $A + \overline{A}B = A + B$

证明　用分配律解右侧的等式,可得 $A+\overline{A}B=(A+\overline{A})(A+B)=A+B$

公式 3　$AB+\overline{A}C+BC=AB+\overline{A}C$

证明　$\begin{aligned} AB+\overline{A}C+BC &= AB+\overline{A}C+BC(A+\overline{A})\\ &= AB+\overline{A}C+ABC+\overline{A}BC=AB+\overline{A}C \end{aligned}$

公式 3 推论　$AB+\overline{A}C+BCD=AB+\overline{A}C$

公式 4　$\overline{AB+\overline{A}\,\overline{B}}=AB+\overline{A}\,\overline{B}$(即 $\overline{A\oplus B}=A\odot B$)

证明　$\begin{aligned} \overline{AB+\overline{A}\,\overline{B}} &= \overline{AB}\cdot\overline{\overline{A}\,\overline{B}}=(\overline{A}+\overline{B})(A+B)\\ &= AB+\overline{A}\,\overline{B}=A\odot B \end{aligned}$

3. 逻辑代数运算规则

1) 运算优先顺序

逻辑代数的运算优先顺序为:先计算括号内的运算,再是非运算,然后是与运算,最后是或运算。

2) 代入规则

在逻辑等式中,如果将等式两边某一变量都代之以一个逻辑函数,则等式仍然成立,这就是代入规则。

例如,已知 $\overline{AB}=\overline{A}+\overline{B}$。若用 $Z=AC$ 代替等式中的 A,则根据代入规则,等式仍然成立,即

$$\overline{ACB}=\overline{AC}+\overline{B}=\overline{A}+\overline{C}+\overline{B}$$

3) 反演规则

已知函数 F,欲求其反函数 $\overline{F}$,则只要将 F 式中所有“·”换成“+”,“+”换成“·”,“0”换成“1”,“1”换成“0”,原变量换成其反变量,反变量换成其原变量,所得到的表达式就是 $\overline{F}$ 的表达式,这就是反演规则。

利用反演规则可以比较容易地求出一个逻辑函数的反函数。例如:

$$X=A[\overline{B}+(C\,\overline{D}+\overline{E}F)]$$
$$\overline{X}=\overline{A}+B(\overline{C}+D)(E+\overline{F})$$

4) 对偶规则

将逻辑函数 F 中的所有“·”换成“+”,“+”换成“·”,0 换成 1,1 换成 0,变量保持不变,得到一个新的逻辑函数式 F',这个 F' 称为 F 的对偶式。例如:

$$F=A(B+\overline{C})$$
$$F'=A+B\overline{C}$$

如果两个逻辑函数的对偶式相等,那么这两个逻辑函数也相等。

 ## 2.4　逻辑函数标准表达式

2.4.1　最小项

在三变量 A、B、C 的逻辑函数中,有 8 个乘积项 $\overline{A}\,\overline{B}\,\overline{C}$、$\overline{A}\,\overline{B}C$、$\overline{A}B\overline{C}$、$\overline{A}BC$、$A\overline{B}\,\overline{C}$、$A\overline{B}C$、$AB\overline{C}$、$ABC$。这 8 个乘积项有如下特点:①每个乘积项都有三个因子;②每一个变量都是它的一个因子;③每个变量以原变量或反变量的形式出现,并且只出现一次。这 8 个乘积项称为三变量 A、B、C 逻辑函数的最小项。n 个变量逻辑函数的最小项有 2^n 个。三变量最小项的真值表如表 2-12 所示。

表 2-12　三变量最小项真值表

A	B	C	$\overline{A}\,\overline{B}\,\overline{C}$	$\overline{A}\,\overline{B}\,C$	$\overline{A}B\overline{C}$	$\overline{A}BC$	$A\overline{B}\,\overline{C}$	$A\overline{B}C$	$AB\overline{C}$	ABC
0	0	0	1	0	0	0	0	0	0	0
0	0	1	0	1	0	0	0	0	0	0
0	1	0	0	0	1	0	0	0	0	0
0	1	1	0	0	0	1	0	0	0	0
1	0	0	0	0	0	0	1	0	0	0
1	0	1	0	0	0	0	0	1	0	0
1	1	0	0	0	0	0	0	0	1	0
1	1	1	0	0	0	0	0	0	0	1

观察表 2-12 可得到最小项有如下几个性质。

性质 1　对于任意一个最小项,只有一组变量的取值能使其值为 1,即每一个最小项对应一组变量的取值。例如:$\overline{A}B\overline{C}$对应于变量组的取值是 010,只有变量组取值为 010 时,最小项$\overline{A}B\overline{C}$值是 1。

性质 2　对于变量的任意一组取值,任意两个最小项之积为 0。

性质 3　对于变量的一组取值,全部最小项之和为 1。

常用符号 m_i 来表示最小项。下标 i 是该最小项值为 1 时对应的变量组取值的十进制数等效值。例如,最小项$\overline{A}B\overline{C}$记为 m_2,$AB\overline{C}$记为 m_6 等。

2.4.2　逻辑函数标准表达式

1. 从真值表求逻辑函数标准与或表达式

由逻辑函数的最小项相"或"组成的表达式称为逻辑函数标准与或表达式,也称为最小项和表达式。根据给定逻辑问题建立的真值表,由最小项的性质 1,可以直接写出逻辑函数标准与或表达式。

【例 2-1】　根据表 2-13 所示真值表,求逻辑函数 F 的标准与或表达式,并用 m_i 表示。

表 2-13　例 2-1 真值表

A	B	C	F
0	0	0	0
0	0	1	0
0	1	0	0
0	1	1	1
1	0	0	0
1	0	1	1
1	1	0	1
1	1	1	1

【解】 观察真值表可以发现，F 为 1 的条件是：

① A＝0,B＝1,C＝1,即 $\overline{A}BC＝1$；

② A＝1,B＝0,C＝1,即 $A\overline{B}C＝1$；

③ A＝1,B＝1,C＝0,即 $AB\overline{C}＝1$；

④ A＝1,B＝1,C＝1,即 $ABC＝1$。

以上四个条件之中满足一个，F 就为 1，所以 F 的表达式可以写成最小项之和的形式：

$$F ＝\overline{A}BC＋A\overline{B}C＋AB\overline{C}＋ABC$$
$$＝m_3＋m_5＋m_6＋m_7$$

或者
$$F＝\sum m(3,5,6,7)$$

有时简写成
$$F＝\sum(3,5,6,7)$$

由上例可归纳出从真值表求逻辑函数标准与或表达式的步骤如下。

（1）观察真值表，找出 F＝1 的行。

（2）对 F＝1 的行写出对应的最小项。

（3）将得到的最小项相"或"。

一个逻辑函数可以有多个逻辑表达式，但是其标准与或表达式是唯一的。

2. 一般表达式转换为标准与或表达式

任何一个逻辑函数表达式都可以转换为标准与或表达式。

【例 2-2】 试将 $F(A,B,C)＝A\overline{B}＋AC$ 转换为标准与或表达式。

【解】
$$F(A,B,C)＝A\overline{B}＋AC$$
$$＝A\overline{B}(C＋\overline{C})＋AC(B＋\overline{B})$$
$$＝A\overline{B}C＋A\overline{B}\overline{C}＋ABC＋A\overline{B}C$$
$$＝A\overline{B}C＋A\overline{B}\overline{C}＋ABC$$
$$＝m_5＋m_4＋m_7$$
$$＝\sum m(7,5,4)$$

【例 2-3】 试将 $F(A,B,C)＝(A＋B)(\overline{A}＋B＋C)$ 转换为标准与或表达式。

【解】
$$F(A,B,C)＝(A＋B)(\overline{A}＋B＋C)$$
$$＝AB＋AC＋\overline{A}B＋B＋BC$$
$$＝AB(C＋\overline{C})＋AC(B＋\overline{B})＋\overline{A}B(C＋\overline{C})＋B(A＋\overline{A})(C＋\overline{C})＋BC(A＋\overline{A})$$
$$＝ABC＋AB\overline{C}＋A\overline{B}C＋\overline{A}BC＋\overline{A}B\overline{C}$$
$$＝\sum m(7,6,5,3,2)$$

2.4.3 最大项

1. 最大项

在三变量 A、B、C 的逻辑函数中，有 8 个和项 $(\overline{A}＋\overline{B}＋\overline{C})$、$(\overline{A}＋\overline{B}＋C)$、$(\overline{A}＋B＋\overline{C})$、$(\overline{A}＋B＋C)$、$(A＋\overline{B}＋\overline{C})$、$(A＋\overline{B}＋C)$、$(A＋B＋\overline{C})$、$(A＋B＋C)$，这 8 个和项称为三变量 A、B、C 逻辑函数的最大项。n 个变量的逻辑函数的最大项有 2^n 个。对应一组变量取值，只有一个最大项值为 0，而其余最大项为 1。

2. 标准或与表达式

由逻辑函数的最大项相"与"所组成的表达式称为标准或与表达式，也称为最大项积表达式。在数字逻辑电路中,通常采用标准与或表达式的形式,而标准或与表达式的形式不常用。

2.5 逻辑函数化简

2.5.1 逻辑函数化简的意义

逻辑函数可以有不同的表达式,通常有以下 5 种类型。

（1）与或表达式 $\qquad F_1 = AB + A\overline{C}$

（2）或与表达式 $\qquad F_2 = (A+B)(A+\overline{C})$

（3）与非-与非表达式 $\qquad F_3 = \overline{\overline{AB}\ \overline{AC}}$

（4）或非-或非表达式 $\qquad F_4 = \overline{\overline{A+B} + \overline{A+C}}$

（5）与或非表达式 $\qquad F_5 = \overline{\overline{AB} + \overline{AC}}$

逻辑函数的某一类型表达式也可有多个。例如：

$$F = \overline{A}B + AC$$

可写为 $\qquad F = \overline{A}B + AC + BC$

或写为 $\qquad F = ABC + A\overline{B}C + \overline{A}BC + \overline{A}B\overline{C}$

以上三个与或表达式均描述同一个逻辑函数。实现这三个表达式的逻辑门如图 2-9 所示。

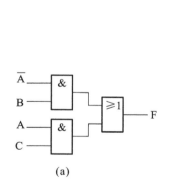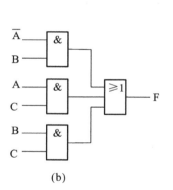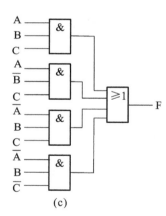

（a） （b） （c）

图 2-9 实现同一函数的三种电路

由图 2-9 可以看到,表达式复杂,实现电路就复杂;表达式简单,实现电路就简单。实现电路简单,可以降低成本,故要进行逻辑函数简化。

通常以与或表达式来定义最简表达式。最简与或表达式的定义是：与或表达式中的与项最少,并且每一个与项中变量数目也最少。

如果用逻辑门实现最简与或表达式,则使用逻辑门的数量最少,门与门之间的连线也是最少,从而得到简单的电路。

2.5.2 公式化简法(代数法)

逻辑函数可利用基本定律和常用公式进行逻辑简化,这种化简方法称为代数化简法。

1. 利用吸收律消去多余项

【例 2-4】 化简逻辑函数 $F = A\overline{B} + A\overline{B}C(E+F)$。

$$F = A\overline{B} + AB\overline{C}(E+F) \quad (\text{一项包含了另一项 } A\overline{B})$$
$$= A\overline{B}$$

2．利用常用公式 1 合并项

【例 2-5】 化简逻辑函数 $F = AB\overline{C} + A\overline{B}\overline{\overline{C}}$。

【解】 $F = AB\overline{C} + A\overline{B}\overline{\overline{C}}$ （观察可知式中 $B\overline{C}$ 和 $\overline{B}\overline{C}$ 互为反变量）
$$= A$$

3．利用常用公式 2 消去一个因子

【例 2-6】 化简逻辑函数 $F = AB + \overline{A}C + \overline{B}C$。

【解】 $\qquad F = AB + \overline{A}C + \overline{B}C$
$$= AB + (\overline{A} + \overline{B})C$$
$$= AB + \overline{AB}C \quad (AB \text{ 和 } \overline{AB} \text{ 互为反变量})$$
$$= AB + C$$

4．利用常用公式 3 消项和配项化简

【例 2-7】 化简逻辑函数 $F = A\overline{B} + AC + ADE + \overline{C}D$。

【解】 $F = A\overline{B} + AC + ADE + \overline{C}D = A\overline{B} + AC + \overline{C}D$

【例 2-8】 化简逻辑函数 $F = A\overline{B} + B\overline{C} + \overline{B}C + \overline{A}B$。

【解】 $F = A\overline{B} + B\overline{C} + \overline{B}C + \overline{A}B$
$$= A\overline{B} + B\overline{C} + \overline{B}C + \overline{A}B + \overline{A}C \quad (\text{添加项})$$
$$= A\overline{B} + B\overline{C} + \overline{A}C \quad (\text{通过 } A\overline{B} \text{ 和 } \overline{A}C, \text{消去} \overline{B}C; \text{通过 } B\overline{C} \text{ 和} \overline{A}C, \text{消去} \overline{A}B)$$

以上介绍了几种代数逻辑化简的方法,在实际运算时,可以综合运用各种方法进行化简。

2.5.3 卡诺图化简法(图解法)

利用代数化简逻辑函数不但要求熟练掌握逻辑代数的基本公式,而且还需要一些技巧,特别是经代数化简后得到的逻辑表达式是否为最简式较难掌握。下面介绍的卡诺图化简法能直接获得最简表达式,并易于掌握。

1．卡诺图

卡诺图是真值表的图形表示。二变量、三变量、四变量和五变量的卡诺图如图 2-10 所示。

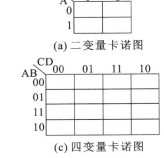

(a) 二变量卡诺图　　(b) 三变量卡诺图　　(c) 四变量卡诺图　　(d) 五变量卡诺图

图 2-10　卡诺图

关于卡诺图的说明如下。

（1）卡诺图方格外为输入变量及相应的逻辑数值，变量取值的排序不能改变。

（2）卡诺图的每一个方格代表一个最小项，最小项的逻辑取值填入方格中。

（3）卡诺图中相邻方格是逻辑相邻项。逻辑相邻项是指只有一个变量互为反变量，而其余变量完全相同的两个最小项。除相邻的两个方格是相邻项外，左右两侧、上下两侧相应的方格也是相邻项。

2. 逻辑函数的卡诺图表示

由逻辑函数的真值表或表达式都可以直接画出逻辑函数的卡诺图。

【例 2-9】 试画出表 2-14 所示的逻辑函数的卡诺图。

【解】 真值表的每一行对应一个最小项，也对应卡诺图中的一个方格，将函数的取值填入对应方格中，即可画出卡诺图，如图 2-11 所示。

表 2-14 函数 F 的真值表

A	B	C	F
0	0	0	0
0	0	1	0
0	1	0	0
0	1	1	1
1	0	0	0
1	0	1	1
1	1	0	1
1	1	1	1

F　A＼BC	00	01	11	10
0	0	0	1	0
1	0	1	1	1

图 2-11 表 2-14 真值表的卡诺图

【例 2-10】 试画出逻辑函数 $F_1=(A,B,C,D)=\sum m(0,1,3,5,10,11,12,15)$ 的卡诺图。

【解】 $F_1=(A,B,C,D)$ 的卡诺图如图 2-12 所示。

【例 2-11】 试画出函数 $G(A,B,C)=AB+BC+AC$ 的卡诺图。

【解】

$$
\begin{aligned}
G(A,B,C)&=AB+BC+AC\\
&=AB(C+\overline{C})+(A+\overline{A})BC+AC(B+\overline{B})\\
&=ABC+AB\,\overline{C}+A\overline{B}C+\overline{A}BC
\end{aligned}
$$

然后，可画出 G 的卡诺图如图 2-13 所示。

F_1　AB＼CD	00	01	11	10
00	1	1	1	0
01	0	1	0	0
11	1	0	1	0
10	0	0	1	1

图 2-12 函数 F_1 的卡诺图

G　A＼BC	00	01	11	10
0	0	0	1	0
1	0	1	1	1

图 2-13 函数 G 的卡诺图

【例 2-12】 试画出函数 $H(A,B,C)=A+BC$ 的卡诺图。

【解】 可将非标准表达式直接填入卡诺图。与项 A 对应的卡诺图 A=1 一行下面有四个方格,而与项 BC 对应的卡诺图 BC＝11 一列有两个方格,在这些方格中填 1,其他方格填 0,即可得到函数 H 的卡诺图,如图 2-14 所示。

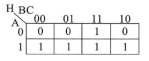

H BC	00	01	11	10
A
0	0	0	1	0
1	1	1	1	1

图 2-14　函数 H 的卡诺图

3. 逻辑函数的卡诺图化简

性质 1　卡诺图中任何两个为 1 的相邻方格的最小项可以合并为一个与项,并且消去一个变化的变量。读者可用逻辑代数公式自行证明。

【例 2-13】　试用卡诺图化简函数 $F_2＝(A,B,C)＝\overline{A}BC+A\overline{B}\overline{C}+ABC+AB\overline{C}$。

【解】　① 画出函数函数 F_2 的卡诺图如图 2-15 所示。

② 将相邻的两个为 1 的方格圈在一起,分别合并为 BC 和 $A\overline{C}$。

③ 将上述与项相"或",得到最简与或表达式 $F_2＝BC+A\overline{C}$。

注意:图 2-15 中画虚线的圈在实际中不能画出,否则会形成冗余项。

【例 2-14】　试用卡诺图化简函数 $G_1＝(X,Y,Z)＝\overline{X}\overline{Y}\overline{Z}+X\overline{Y}\overline{Z}+X\overline{Y}Z+XY\overline{Z}$。

【解】　画出函数 G_1 的卡诺图如图 2-16 所示。合并相邻的 1,得 $G_1＝X\overline{Y}+X\overline{Z}+\overline{Y}\overline{Z}$。

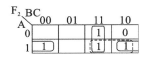

图 2-15　函数 F_1 的卡诺图

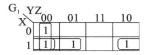

图 2-16　函数 G_1 的卡诺图

注意:最小项 m_4 被重复试用三次。

性质 2　卡诺图中为 1 的四个相邻方格的最小项可以合并为一个与项,并消去变化的两个变量。

【例 2-15】　试用卡诺图化简函数 $F_3＝(A,B,C)＝\overline{A}C+\overline{A}B+A\overline{B}C+BC$

【解】　画出 F_3 的卡诺图如图 2-17 所示。合并相邻的 1,得到两个与项 C 和 $\overline{A}B$。经化简,得 $F_3＝C+\overline{A}B$。

性质 3　卡诺图为 1 的八个相邻最小项可以合并为一个与项,并消去变化的三个变量。

【例 2-16】　试用卡诺图化简函数 $F_4＝(W,X,Y,Z)＝\sum m(0,1,2,4,5,6,8,9,12,13,14)$。

【解】　画出 F_4 的卡诺图如图 2-18 所示。经化简得
$$F_4＝\overline{Y}+\overline{W}\overline{Z}+X\overline{Z}$$

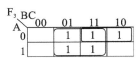

图 2-17　例 2-15 卡诺图

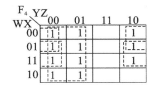

图 2-18　例 2-16 卡诺图

【例 2-17】　试用卡诺图化简函数 $F_5＝(A,B,C,D)＝\overline{A}\overline{B}\overline{C}+\overline{A}C\overline{D}+A\overline{B}C\overline{D}+A\overline{B}C$。

【解】　函数 F_5 的卡诺图如图 2-19 所示。

注意:四个角上的 1 可以圈在一起,形成与项 $\overline{B}\overline{D}$。

经化简得

$$F_5 = \overline{B}\overline{D} + \overline{B}\overline{C} + \overline{A}C\overline{D}$$

【例 2-18】 试用卡诺图化简函数

$$F_6 = (A,B,C,D,E) = \sum m(0,2,4,6,9,11,13,15,17,21,25,27,29,31)$$

【解】 函数的卡诺图如图 2-20 所示。

注意:卡诺图中的镜像对称方格为相邻方格。

经化简得

$$F_6 = BE + A\,\overline{D}E + \overline{A}\,\overline{B}\overline{E}$$

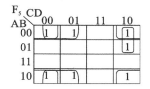

图 2-19 例 2-17 卡诺图

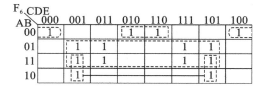

图 2-20 例 2-18 卡诺图

注意:卡诺图化简应注意以下几个问题。

(1) 圈 1 时,包围含在其中的方格应尽可能多,圈内最小项(1 方格)的个数为 $2^k(k \leqslant n)$。其中,n 为函数的变量。

(2) 圈 1 时,每一个 1 方格都可以重复使用,但每一个圈中必须包括新的 1 方格,否则得到的项是冗余项。

(3) 必须将所有的 1 方格圈完,特别是孤立的 1 方格,在表达式中应保留其对应的最小项。

(4) 最简与或式不一定是唯一的。

4. 具有无关项的逻辑函数化简

在一些逻辑函数中,变量取值的某些组合不允许出现或不会出现,这些组合对应的最小项称为约束项。例如,8421BCD 码中的 1010 到 1111 所对应的 6 个最小项就是约束项。在另外一些逻辑函数中,变量取值的某些组合所对应的最小项可以是 1,也可以是 0,这些最小项称为任意项。约束项和任意项统称为无关项。在逻辑化简时,无关项的取值可以为 1 也可以为 0。在逻辑函数表达式中无关项通常用 $\sum d(\cdots)$ 来表示,在真值表和卡诺图中无关项对应函数的取值用 "$\varnothing$" 或 "×" 来表示。例如,$\sum d(10,11,15)$ 说明最小项 m_{10}、m_{11}、m_{15} 是无关项。有时也用逻辑表达式表示函数中的无关项。例如,$d = AB + AC$,表示 $AB + AC$ 所包含的最小项为无关项。

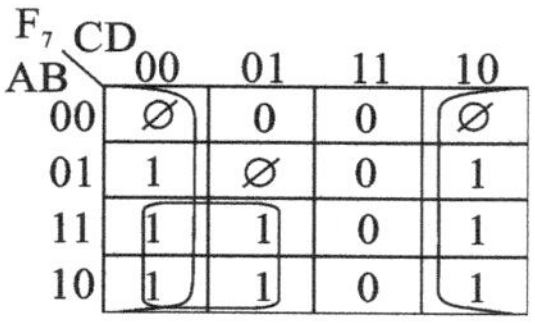

利用无关项所对应的函数值可为 0 也可为 1 的特点,可将逻辑函数做进一步简化。

【例 2-19】 试用卡诺图化简逻辑函数。

$$F_7 = (A,B,C,D) = \sum m(4,6,8,9,10,12,13,14) + \sum d(0,2,5)$$

【解】 画出函数 F_7 的卡诺图如图 2-21 所示。将无关项 m_0 和 m_2 视为 1,函数可进一步简化为 $F_7 = \overline{D} + A\,\overline{C}$。

图 2-21 例 2-19 卡诺图

2.6 逻辑函数的门电路实现

逻辑函数经过化简之后,得到了最简逻辑表达式,根据最简逻辑表达式,就可以采用合适的逻辑门来实现逻辑函数的功能。实现逻辑函数的功能首先要画出逻辑图,逻辑图是由逻辑符号以及其他电路符号构成的电路连接图。逻辑图是除真值表、逻辑表达式和卡诺图之外,表示逻辑函数的另一种方法。逻辑图更贴近于逻辑电路设计的工程实际,一般设计逻辑电路就是要设计出它的逻辑图。

由于采用的逻辑门不同,实现逻辑函数功能的形式也不同。这里介绍两级与或电路、两级与非电路、两级或非电路和与或非电路四种电路的实际形式,并约定第一级门电路输入可以用反变量。

2.6.1 与或逻辑电路

根据与或逻辑表达式,可以直接画出两级与或逻辑电路。

【例 2-20】 试用与门和或门实现逻辑函数 $F_1 = AB + AC + BC$ 的功能,并画出逻辑图。

【解】 用与门实现与功能,用或门实现或功能,可画出 F_1 的逻辑图如图 2-22(a)所示。

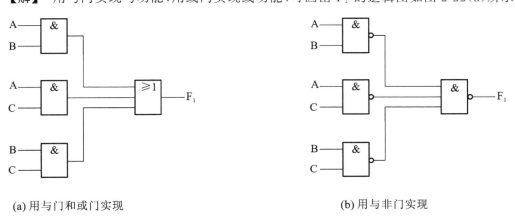

(a) 用与门和或门实现   (b) 用与非门实现

图 2-22 例 2-20 逻辑图

2.6.2 与非逻辑电路

与非门是工程实际中大量应用的逻辑门,单独使用与非门可以实现任何组合逻辑函数。逻辑函数往往用与或表达式的形式来表示,如果用与非门来实现,就要将与或表达式转换为与非-与非表达式的形式。

将与或表达式转换为与非-与非表达式有两种方法:公式法和图示法。

1. 公式法

将与或表达式两次求反,并使用一次摩根定理,就可将与或表达式转换为与非-与非表达式。例如,对于例 2-20 的逻辑函数

$$F_1 = AB + AC + BC$$

对 F_1 两次求反,即

$$F_1 = \overline{\overline{AB + AC + BC}}$$

使用一次摩根定理得

$$F_1 = \overline{\overline{AB}\ \overline{AC}\ \overline{BC}}$$

用两级与非门实现函数 F_1,其逻辑图如图 2-22(b)所示。

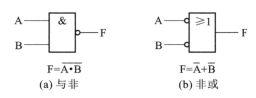

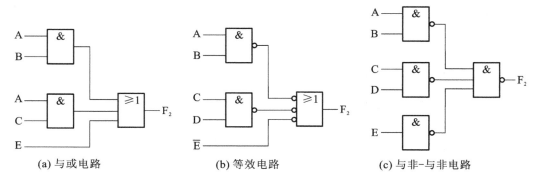

$$F = \overline{A \cdot B}$$
(a) 与非

$$F = \overline{A} + \overline{B}$$
(b) 非或

图 2-23　与非门两种等效符号

2. 图示法

介绍图示法之前,先介绍与非门的两种等效逻辑符号,如图 2-23 所示。其中,图 2-23(a)所示的为与非符号;图 2-23(b)所示的为非或符号。由摩根定理可知,它们是等效的,图 2-23(a)所示的电路完成的是正逻辑与非运算,图 2-23(b)所示的电路完成的是负逻辑非或运算。符号"o"称为反相圈,相当于一个非门,它既可以出现在逻辑符号输出端,也可以出现在输入端。这是很有用的逻辑概念,在逻辑电路分析和设计中具有重要的作用,并将在第 4 章进一步介绍其使用。

【例 2-21】　试用两级与非门实现逻辑函数 $F_2 = AB + CD + E$,并画出逻辑图(用图示法)。

【解】　图 2-24 所示的是用与非门实现 F_2 的图示过程。首先在与门和或门之间的各连线两端画反相圈"o"(相当于两次求反,功能不变),如图 2-24(b)所示;然后用与非门等效符号替换,可得到图 2-24(c)所示电路。

(a) 与或电路

(b) 等效电路

(c) 与非-与非电路

图 2-24　例 2-21 逻辑图

同公式法相比较:　　　　　　　　$F_2 = AB + CD + E = \overline{\overline{AB} \cdot \overline{CD} \cdot \overline{E}}$

二者完全一致。

2.6.3　或非逻辑电路

单独使用或非门可以实现任何组合逻辑函数,用或非门来实现逻辑函数也要进行表达式的形式转换。

【例 2-22】　试用两级或非门实现函数 $F_3(A,B,C,D) = \sum m(0,1,2,5,8,9,10)$ 最简式,并画出逻辑图。

【解】　画出函数 F_3 的卡诺图如图 2-25(a)所示。由组合为 0 的方格求得 $\overline{F_3} = AB + CD + B\overline{D}$,然后等式两边同时取反,得

$$F_3 = \overline{AB + CD + B\overline{D}}$$

$$= (\overline{A} + \overline{B})(\overline{C} + \overline{D})(\overline{B} + D)$$

$$= \overline{\overline{(\overline{A} + \overline{B})(\overline{C} + \overline{D})(\overline{B} + D)}}\ (取反两次,逻辑功能不变)$$

$$= \overline{\overline{\overline{A} + \overline{B}} + \overline{\overline{C} + \overline{D}} + \overline{\overline{B} + D}}\ (下面一层取反使用一次摩根定理进行化简)$$

由此可画出 F_3 逻辑图,如图 2-25(b)所示。

也可以用图示法实现两级或非电路。图 2-26（a）所示的为正逻辑或非门，图 2-26（b）所示的为负逻辑非与门，这两种形式是等效的。

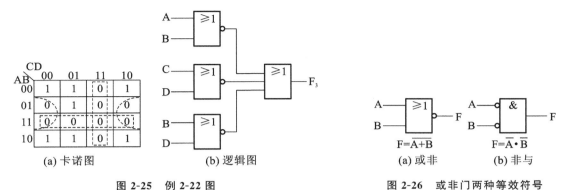

图 2-25 例 2-22 图　　　　图 2-26 或非门两种等效符号

由此，可以将例 2-22 的 $F_3=(\overline{A}+\overline{B})(\overline{C}+\overline{D})(\overline{B}+D)$ 通过图示法来实现两级或非电路，如图 2-27 所示。仍采用连线两端画反相圈的方法得到图 2-27（b）所示电路，再用或非等效符号替换，得出图 2-27（c）所示电路。

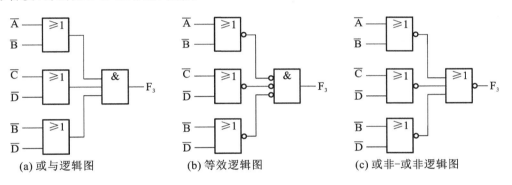

(a) 或与逻辑图　　　　(b) 等效逻辑图　　　　(c) 或非-或非逻辑图

图 2-27 例 2-22 图示法实现

2.6.4 与或非逻辑电路

【例 2-23】 化简函数 $F_4(A,B,C)=\sum m(1,3,6,7)$，并用与或非逻辑门实现，最后画出逻辑图。

【解】 画出 F_4 的卡诺图如图 2-28（a）所示。由组合为 0 的方格可得 $\overline{F_4}=\overline{A}\,\overline{C}+A\overline{B}$，两边同时取反得

$$F_4=\overline{\overline{A}\,\overline{C}+A\overline{B}}$$

可画出逻辑图如图 2-28（b）所示。

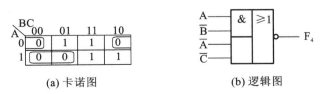

(a) 卡诺图　　　　(b) 逻辑图

图 2-28 例 2-23 图

习 题 2

1. 填空题

(1) 作为逻辑取值的 0 和 1,并不表示数值的大小,而是表示_____两个_____。

(2) 数字电路中的逻辑状态是用_____来表示的。

(3) 逻辑真值表是表示数字电路_____之间逻辑取值_____关系的表格。

(4) 复合逻辑运算有_____,_____,_____,_____,_____。

(5) 可以实现逻辑非的逻辑门有_____,_____,_____,_____,_____。

2. 用基本定律和常用公式证明下列等式。

(1) $\overline{A+BC+D}=\overline{A}\,\overline{B}\,\overline{D}+\overline{A}\,\overline{C}\,\overline{D}$

(2) $A+\overline{A}\cdot\overline{B}+C=A+\overline{B}C$

(3) $\overline{A}\,\overline{B}+\overline{A}B+A\overline{B}+AB=1$

(4) $AB+\overline{A}C+\overline{B}C=AB+C$

3. 用真值表证明下列等式。

(1) $\overline{\overline{A}B+\overline{A}\overline{B}}=AB+\overline{A}\,\overline{B}$

(2) $A\overline{B}+B\overline{C}+\overline{A}C=\overline{A}B+\overline{B}C+A\overline{C}$

(3) $A\overline{B}+\overline{A}B+BC=A\overline{B}+\overline{A}B+AC$

(4) $ABC+\overline{A}\,\overline{B}C=\overline{A}B+B\,\overline{C}+\overline{A}\overline{C}$

4. 用公式证明下列等式。

(1) $\overline{A\oplus B}=\overline{A}\oplus B$

(2) $A\oplus B=\overline{A}\oplus\overline{B}$

(3) $\overline{A\oplus B\oplus C}=\overline{A}\oplus B\oplus C$

(4) $A(A\oplus B)=A\overline{B}$

5. 用代数法化简下列逻辑函数。

(1) $XY+X\overline{Y}$

(2) $(X+Y)(X+\overline{Y})$

(3) $XYZ+\overline{X}Y+XY\overline{Z}$

(4) $XZ+\overline{X}YZ$

(5) $\overline{X+Y}\cdot\overline{\overline{X}+Y}$

6. 填空题

(1) 表示逻辑函数的四种方法是_____、_____、_____和_____。

(2) 在真值表、表达式和逻辑图三种表示方法中,形式唯一的是_____。

(3) 最简与或表达式的定义是表达式中的_____项最少,并且_____数目也最少。

(4) 逻辑化简的结果_____唯一的(填是或不是)。

(5) 卡诺图化简是利用公式_____。

7. 用卡诺图化简下列函数,并求出最简与或式。

(1) $F(A,B,C,D)=\sum(1,2,3,5,6,7,8,9,12,13)$

（2）$F(A,B,C,D)=\sum(1,7,9,10,11,12,13,15)$

8. 用三个与非门实现函数 F，并画出逻辑图。
$$F=(A+D)(\overline{A}+B)(\overline{A}+\overline{C})$$

9. 化简逻辑函数 F，用两级与非电路实现，并画出逻辑图。
$$F=\overline{B}D+\overline{B}C+ABCD, \quad d=\overline{A}BD+A\overline{B}\,\overline{C}\,\overline{D}$$

习题 2 答案

1.（1）逻辑变量；状态 （2）0 和 1 （3）输入与输出；真假 （4）与非；或非；与或非；异或；异或非 （5）与门；或门；非门；同或门；异或门

2.【解】（1）$\overline{A+BC+D}=\overline{A}\cdot\overline{BC}\cdot\overline{D}=\overline{A}\cdot(\overline{B}+\overline{C})\cdot\overline{D}=\overline{A}\,\overline{B}\,\overline{D}+\overline{A}\,\overline{C}\,\overline{D}$

（2）$A+\overline{A}\cdot\overline{B}+C=A+A+(B+C)=A+\overline{B}\,\overline{C}$

（3）$\overline{A}\,\overline{B}+\overline{A}B+A\overline{B}+AB=\overline{A}(\overline{B}+B)+A(\overline{B}+B)=\overline{A}+A=1$

（4）$AB+\overline{A}C+\overline{B}C=AB+C(\overline{A}+\overline{B})=AB+C\,\overline{AB}=AB+C$

3.【解】（1）

A	B	F
0	0	1
0	1	0
1	0	0
1	1	1

（2）

A	B	C	F
0	0	0	0
0	0	1	1
0	1	0	1
0	1	1	1
1	0	0	1
1	0	1	1
1	1	0	1
1	1	1	0

（3）

A	B	C	F
0	0	0	0
0	0	1	0
0	1	0	1
0	1	1	1

续表

A	B	C	F
1	0	0	1
1	0	1	1
1	1	0	0
1	1	1	1

（4）

A	B	C	F
0	0	0	1
0	0	1	0
0	1	0	0
0	1	1	0
1	0	0	0
1	0	1	0
1	1	0	0
1	1	1	1

4.【解】（1）$\overline{A \oplus B} = \overline{A\overline{B} + \overline{A}B} = AB + \overline{A}\,\overline{B}, \overline{A} \oplus B = \overline{\overline{A}\overline{B}} + \overline{\overline{A}}B = AB + \overline{A}B$

（2）$A \oplus B = \overline{A}B + A\overline{B}, \overline{A} \oplus \overline{B} = \overline{\overline{A}}\,\overline{B} + \overline{A}\,\overline{\overline{B}} = \overline{A}B + A\overline{B}$

（3）$\overline{A \oplus B \oplus C} = \overline{(\overline{A}B + A\overline{B}) \oplus C} = \overline{(\overline{A}B + A\overline{B})C + (\overline{A}B + A\overline{B})\overline{C}}$

$\overline{A} \oplus \overline{B} \oplus \overline{C} = (\overline{A}\,\overline{B} + \overline{A}\,\overline{B}) \oplus \overline{C} = (\overline{A}B + A\overline{B})\overline{C} + \overline{(\overline{A}B + A\overline{B})}C$

（4）$A(A \oplus B) = A(\overline{A}B + A\overline{B}) = A\overline{A}B + AA\overline{B} = A\overline{B}$

5.【解】（1）$XY + X\overline{Y} = X(Y + \overline{Y}) = X$

（2）$(X + Y)(X + \overline{Y}) = X + XY + X\overline{Y} + 0 = X + X(Y + \overline{Y}) = X$

（3）$XYZ + \overline{X}Y + XY\overline{Z} = XY(Z + \overline{Z}) + \overline{X}Y = XY + \overline{X}Y = Y$

（4）$XZ + \overline{X}YZ = Z(X + \overline{X}Y) = Z(X + Y) = XY + XZ$

（5）$\overline{X + Y} \cdot \overline{\overline{X} + \overline{Y}} = \overline{X + Y + \overline{X} + \overline{Y}} = \overline{X + \overline{Y}} = \overline{X}\,\overline{Y}$

6.（1）真值表；逻辑图；逻辑表达式；卡诺图 （2）真值表 （3）与；每一个与项中变量
（4）是 （5）化简

7.【解】（1）$F = \overline{A}D + \overline{A}C + A\overline{C}$ （2）$F = AB\overline{C} + A\overline{B}C + BCD + \overline{B}\,\overline{C}D$

8.【解】$F = \overline{A}D + AB\overline{C}$

9.【解】$F = \overline{B}D + \overline{B}C + CD$

第❸章 集成逻辑门电路

集成逻辑门是构成数字电路的基本逻辑器件。目前,数字集成逻辑门电路的器件主要分为两大类:CMOS 型和 TTL 型。CMOS 逻辑门电路是目前应用最广泛的逻辑电路,它具有低功耗、抗干扰能力强和集成度高等优点。TTL 逻辑门电路是在 CMOS 电路应用之前技术最为成熟、应用最为广泛的逻辑电路,它主要应用在高速的中小规模数字集成电路中。

本章重点掌握 CMOS 逻辑门电路和 TTL 逻辑门电路的基本结构、工作原理和外部特性参数等。

3.1 CMOS 逻辑门电路

3.1.1 CMOS 基本电路

1. MOS 管及其开关特性

MOS 场效应管(以下简称 MOS 管)是构成 MOS 电路的开关元件,它有三个电极:栅极 G、源极 S 和漏极 D,B 是衬底,用栅-源电压来控制漏-源电流。根据所用材料不同,MOS 管分为 N 沟道和 P 沟道等两大类,分别简称为 NMOS 管和 PMOS 管;按其采用工艺的不同,又分为增强型和耗尽型等两种。下面仅介绍增强型 NMOS 管和 PMOS 管及其开关特性,它们的电路符号如图 3-1 所示。

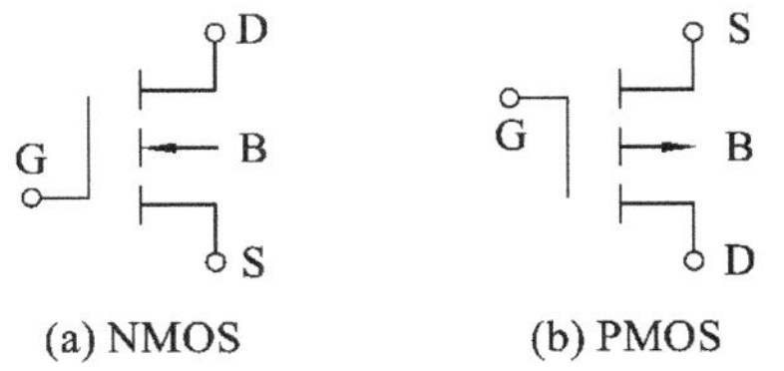

在数字电路中,MOS 管仅工作在导通和截止两个状态。对于 NMOS 管,若栅-源电压 U_{GS} 大于开启电压 U_{TN},则 NMOS 管处于导通状态,漏-源之间有电流流过,导通电阻低至几欧姆,此时的 NMOS 管等效为一个闭合的开关;反之,若栅-源电压 U_{GS} 小于开启电压 U_{TN},则 NMOS 管处于截止状态,漏-源之间的电阻高达 1 MΩ 以上,没有电流流过,此时的 NMOS 管等效为一个断开的

(a) NMOS (b) PMOS

图 3-1 MOS 管的电路符号

开关。PMOS 管的工作原理与 NMOS 管的类似,区别在于 PMOS 管的栅-源电压 U_{GS} 一般为零或负值。若 U_{GS} 为零,则 PMOS 管截止,漏-源之间电阻非常高,无电流流过;随着 U_{GS} 的降低,漏-源之间的电阻也逐渐降低,当 U_{GS} 小于开启电压 U_{TP}(其值为负)时,PMOS 管导通,漏-源之间有电流流过,导通电阻非常小。

MOS 管衬底的接法:N 沟道衬底接电路中最低电位,P 沟道衬底接电路中最高电位。

2. CMOS 非门(反相器)

CMOS 非门是 CMOS 电路的基本单元电路,是用一个 NMOS 管和一个 PMOS 管以互补对称的方式构成的,电路结构如图 3-2(a)所示。两管的栅极相连作为输入端 A,漏极相连作为输出端 Y,PMOS 管的源极和衬底接电源 V_{DD},NMOS 管的源极和衬底接地。设 V_{DD} 为 5 V。

若输入为低电平 $u_A = 0$ V,PMOS 管导通,其等效为闭合的开关,输出端和电源相连;

NMOS 管截止,其等效为断开的开关,输出端对地的通路被阻断,如图 3-3(a)所示,此时输出高电平 $u_Y = V_{DD} = 5$ V。若输入为高电平 $u_A = 5$ V,NMOS 管导通,其输出端和地相连;PMOS 管截止,其输出端到电源的通路被阻断,如图 3-3(b)所示,此时输出低电平 $u_Y = 0$ V。

CMOS 非门的上述分析结果可用如图 3-2(b)所示真值表来描述,由表可见,这个 CMOS 非门电路实现了输出 Y 和输入 A 之间的逻辑非关系,即 $Y = \overline{A}$。

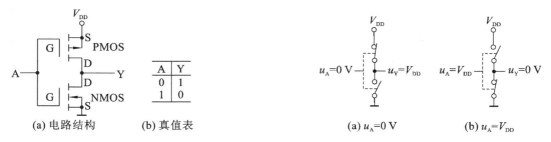

图 3-2 CMOS 非门   图 3-3 CMOS 非门的开关模型电路

3. CMOS 与非门和或非门

1)二输入与非门

图 3-4(a)所示的是二输入 CMOS 与非门的电路结构,其中 T_1、T_3 是两个并联的 PMOS 管,T_2、T_4 是两个串联的 NMOS 管,A、B 是两个输入端,分别连到一个 PMOS 管和一个 NMOS 管的栅极。u_A、u_B 中只要有一个为低电平,则串联的两个 NMOS 管中就至少有一个是截止的,使得输出端对地的通路被阻断,而并联的两个 PMOS 管至少有一个是导通的,输出端可通过该导通晶体管和电源相连,此时输出 u_Y 为高电平;只有当 u_A、u_B 皆为高电平时,串联的两个 NMOS 管才能同时导通,输出端与地相连,同时,并联的两个 PMOS 管全部截止,输出端与电源断开,此时输出 Y 为低电平。根据以上分析,可得到如图 3-4(b)所示的真值表,可见此电路输出 Y 与输入 A、B 之间为逻辑与非关系,即 $Y = \overline{A \cdot B}$。

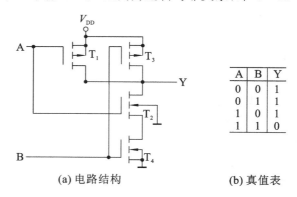

A	B	Y
0	0	1
0	1	1
1	0	1
1	1	0

(a)电路结构   (b)真值表

图 3-4 二输入 CMOS 与非门

2)二输入或非门

图 3-5(a)所示的是二输入或非门的电路结构,T_1、T_3 是两个串联的 PMOS 管,T_2、T_4 是两个并联的 NMOS 管,A、B 是两个输入端,分别与一个 PMOS 管和一个 NMOS 管的栅极相连。u_A、u_B 中只要有一个为高电平,则串联的两个 PMOS 管中就至少有一个截止,输出端与电源之间的通路被断开,而两个并联的 NMOS 管中至少有一个导通,输出端与地相连,此时 u_Y 为低电平;只有当 u_A、u_B 都为低电平时,两个并联的 NMOS 管才全部截止,输出端

对地的通路被断开,同时,两个并联的 PMOS 管全部导通,输出端和电源相连,输出 u_Y 为高电平。由此可以得到如图 3-5(b)所示的真值表,可看出,输出 Y 与输入 A、B 之间为逻辑或非的关系,即 $Y=\overline{A+B}$。

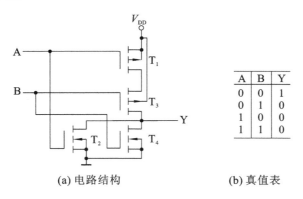

(a) 电路结构　　　　　　　(b) 真值表

图 3-5　二输入 CMOS 或非门

4. CMOS 与门和或门

在 CMOS 逻辑电路中,非门是最简单的、速度最快的逻辑门,其次是与非门和或非门,CMOS 电路的互补对称结构,使其在逻辑上的求反是自然产生的,非反相的逻辑门(如与门、非门等)可以在反相门(如与非门、或非门等)的基础上再加一级非门来构造,并且正是这种结构上的特点,使得非反相门的速度要比反相门速度慢。图 3-6 所示的是二输入 CMOS 与门和或门的电路结构及其等效逻辑符号,分别可以实现 $Y=AB$ 和 $Y=A+B$ 的逻辑功能,请读者参考以上方法自行分析。

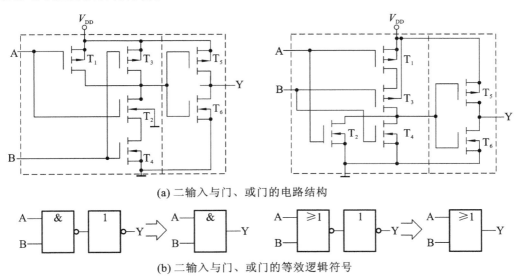

(a) 二输入与门、或门的电路结构

(b) 二输入与门、或门的等效逻辑符号

图 3-6　二输入 CMOS 与门、或门的电路结构、逻辑符号

3.1.2　CMOS 电路特性参数

CMOS 电路的特性参数分为静态特性参数和动态特性参数等两类。

1. CMOS 电路的静态特性参数

CMOS 电路的静态特性是指输入和输出信号不变时的 CMOS 电路特性,主要性能参数有逻辑电平、噪声容限和扇出系数等。

1）逻辑电平

在前述的电路分析中，均假定＋5 V代表逻辑值1，0 V代表逻辑值0。然而在逻辑门实际使用中，由于电源电压波动、噪声干扰、负载变化以及环境温度变化等因素的影响，逻辑门高、低电平不能保持在规定的＋5 V和0 V，而是有一个偏离的电压范围。为了保证逻辑门正确实现逻辑功能，高、低电平各允许多大的偏离范围呢？

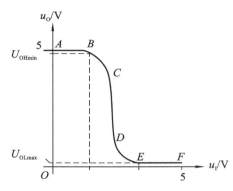

图 3-7　CMOS 反相器的电压传输特性

图 3-7 所示的是 CMOS 反相器输入电压 u_I 在 0～5 V 范围内变化时，输出电压 u_O 随之变化的曲线，称为电压传输特性曲线。在特性曲线的 AB 段和 EF 段，对应的输入分别为低电平接近 0 V 和高电平接近＋5 V，因此此时两个 MOS 管中一个完全导通，而另一个完全截止，这时正确实现了输入和输出之间的逻辑非关系；在 BC 段和 DE 段，两个 MOS 管都工作在既不是完全导通，也不是完全截止的工作状态，尤其在接近 CD 段的附近，逻辑门输入和输出之间的逻辑关系将会发生错误，因为在 CD 段，两个 MOS 管均处于导通状态，流经两个 MOS 管的电流达到最大值，两管管耗较大，易损坏。因此，在实际使用中，应尽量避免使 CMOS 反相器工作在 BC、DE 和 CD 区域。

生产厂家通常给出逻辑门以下 4 个逻辑电平参数。

● U_{ILmax}：输入低电平的最大值，该值是保证 PMOS 管导通、NMOS 管截止，输出为高电平的最大输入电平。

● U_{ILmin}：输入低电平的最小值，该值是保证 NMOS 管导通、PMOS 管截止，输出为低电平的最小输入电平。

● U_{OHmin}：输出高电平的最小值，该值是保证输出电平能被识别为逻辑 1 的最小值。

● U_{OHmax}：输出低电平的最大值，该值是保证输出电平能被识别为逻辑 0 的最大值。

以典型的高速 CMOS 电路 74HC 系列为例，若电源电压 $V_{DD}=5$ V，则

$$U_{ILmax}=30\%V_{DD}=1.5 \text{ V}; \quad U_{IHmin}=70\%V_{DD}=3.5 \text{ V};$$

$$U_{OHmin}=V_{DD}-0.1 \text{ V}=4.9 \text{ V}; \quad U_{OLmax}=0 \text{ V}+0.1 \text{ V}=0.1 \text{ V}$$

即对于采用 5 V 工作电压的 74HC 系列 CMOS 电路，输入电平 0～1.5 V 为逻辑 0，输入电平 3.5～5 V 为逻辑 1；输出电平 0～0.1 V 为逻辑 0，输出电平 4.9～5 V 为逻辑 1。

2）噪声容限

噪声容限用来表示逻辑门输入的抗干扰能力，噪声容限越大，则表明其抗干扰能力越强。在数字电路的实际应用中，逻辑门与逻辑门之间是相互连接的，前一级驱动门的输出电压 u_O 作为下一级负载门的输入电压 u_I，那么允许输入电压上能叠加多大的噪声干扰呢？图 3-8 所示的是一个 CMOS 非门高、低电平可承受噪声范围的示意图。

噪声容限分为高电平噪声容限 u_{HN} 和低电平噪声容限 u_{LN}，分别说明如下。

（1）高电平噪声容限 $U_{HN}=U_{OHmin}-U_{IHmin}$，是指逻辑门输入为高电平时，叠加在输入高电平上所允许的最大噪声范围。因为驱动门输出的高电平最小值 U_{OHmin} 也是负载门输入的最小值，而逻辑门要求的输入高电平最小值是 U_{IHmin}，所以输入高电平噪声容限 U_{HN} 应为 $U_{OHmin}-U_{IHmin}$。

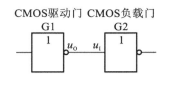

CMOS驱动门 CMOS负载门

(a) 逻辑门的相互连接

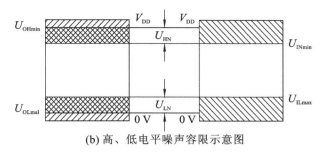

(b) 高、低电平噪声容限示意图

图 3-8　逻辑门的相互连接及其噪声示意图

（2）低电平噪声容限 $U_{LN} = U_{ILmax} - U_{OLmax}$，是指逻辑门输入为低电平时，叠加在输入低电平上所允许的最大噪声范围。因为驱动门输入的高电平的最大值 U_{OLmax} 也是负载门输入的最大值，而逻辑门要求的输入低电平的最大值是 U_{ILmax}，所以 $U_{ILmax} - U_{OLmax}$ 应该是允许叠加的最大噪声范围，即为低电平噪声容限 U_{LN}。

74HC 系列 CMOS 电路在 5 V 工作电压的条件下，其高、低电平噪声容限分别为：

$$U_{HN} = U_{OHmin} - U_{IHmin} = 4.9\text{ V} - 3.5\text{ V} = 1.4\text{ V}; \quad U_{LN} = U_{ILmax} - U_{OLmax} = 1.5\text{ V} - 0.1\text{ V} = 1.4\text{ V}$$

因此在电源电压 $V_{DD} = 5$ V 时，74HC 系列 CMOS 电路的抗干扰能力为 1.4 V，即叠加在输入信号上的噪声容限不能大于 1.4 V，否则，逻辑门电路的输出将会发生逻辑错误。

3）负载能力

逻辑门的负载能力用扇出系数 N 表示，扇出系数 N 是一个逻辑门电路所能驱动的同类逻辑门的个数。扇出系数的计算需要考虑两种情况：拉电流负载和灌电流负载。

（1）拉电流负载。

在图 3-9（a）所示电路中，当驱动门输出高电平时，负载电流（输出高电平时的电流）从驱动门的内部流向外部，成为拉电流负载 I_{OH}，该电流是流进各负载门输入端的电流之和，其最大值记为 I_{OHmax}，每个负载门输入端的拉电流最大值记为 I_{IHmax}。当负载门的个数增加时，拉电流将增加，会导致输出高电平降低。为了保证输出高电平不低于其最小值，负载门接入端的个数要有一定的限制。驱动门输出高电平时的扇出系数 N_H 为

$$N_H = \left| \frac{I_{OHmax}}{I_{IHmax}} \right|$$

典型 74HC 系列的拉电流最大值 $I_{OHmax} = -20\ \mu A$，符号"$-$"表示拉电流的方向（电流流进端口为正，流出端口为负），负载门每个输入端输入高电平时拉电流最大值 $I_{IHmax} = 1\ \mu A$，因此其输出高电平时的扇出系数是 20。

（2）灌电流负载。

在图 3-9（b）所示电路中，当驱动门输出低电平时，负载电流（输出低电平时的电流）从外部流进内部，成为灌电流负载 I_{OL}，其最大值记为 I_{OLmax}。该电流是各负载门输入端灌进驱动门的电流之和，每个负载门输入端的灌电流最大值记为 I_{ILmax}。负载门个数的增加不仅会使灌电流增加，还将导致驱动门输出的抬高。当驱动门的输出低电平不超过其最大值时，所能驱动的输入端个数的最大值，称为输出低电平时的扇出系数 N_L，可按如下公式计算。

$$N_L = \left| \frac{I_{OLmax}}{I_{ILmax}} \right|$$

典型 74HC 系列的灌电流最大值 $I_{OLmax} = 20\ \mu A$，每个输入端输入低电平时灌电流的最大值 $I_{ILmax} = -1\ \mu A$，因此其输出低电平时的扇出系数也是 20。

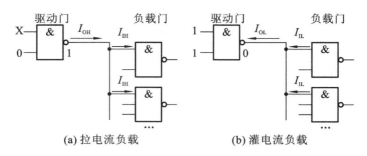

(a) 拉电流负载　　　　　　　(b) 灌电流负载

图 3-9　扇出系列示意图

注意:一个逻辑门电路拉电流负载和灌电流负载时的扇出系数不是必须相等的,通常取较小者作为该门电路的扇出系数。另外,由于多数逻辑门具有多个输入端,因此扇出系数实际上是指与驱动门相连的负载门输入端的个数。

2. CMOS 电路的动态特性

CMOS 电路的动态特性是指输入和输出信号发生交换时的电路特性,主要性能参数有平均传输延迟时间 t_{pd}、功耗 P_D 等。

1) 平均传输延迟时间 t_{pd}

在理想情况下,当逻辑门的输入信号发生变化时,其输出信号会按照逻辑关系立即响应。然而实际上,从输入信号变化到引起输出信号变化需要一定时间,这个时间称为传输延迟时间。以非门为例,当输入 u_I 为方波信号时,其输出 u_O 波形如图 3-10 所示。

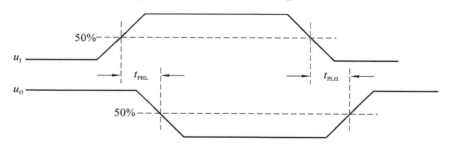

图 3-10　逻辑门的传输延迟时间

从输入波形上升沿的中点到输出波形下降沿中点之间的延迟时间称为 t_{PHL}(输出由高变低时,输入变化引起输出变化的时间);从输入波形下降沿的中点到输出波形上升沿中点之间的传输延迟时间为 t_{PLH}(输出由低变高时,输入变化引起输出变化的时间)。平均传输延迟时间 t_{pd} 是二者的平均值,即

$$t_{pd} = (t_{PHL} + t_{PLH})/2$$

逻辑门的 t_{pd} 越小,表明其工作速度越快。74HC 系列的典型 t_{pd} 值为 9 ns。

2) 功耗 P_D

静态时,CMOS 电路中的每一对 MOS 管中,总有一个导通,另一个截止,使得电源和地之间的静态工作电流非常小,通常小于 1 μA。因此,CMOS 电路的静态功耗极低,一般在纳瓦数量级。CMOS 电路只在动态(即电平转换)时才消耗功耗,称为动态功耗 P_D。

动态功耗主要有如下两个来源。

（1）输出电平转换引起的电路内部功耗 P_T。

CMOS 电路在输出电平转换过程中，NMOS 管和 PMOS 管可能同时饱和导通，使得电源和地之间瞬时"短路"，有较大的电流流过，从而消耗一定的功耗 P_T，其大小可以按下式计算。

$$P_\text{T} = C_\text{PD} V_\text{DD}^2 f$$

式中：C_PD 为功耗电容；V_DD 为电源电压；f 为输出信号的转换频率。

（2）负载电容消耗的功率 P_L。

CMOS 电路的输出电平由高变低，或者由低变高时，会有电流通过导通的 MOS 管给负载电容 C_L 充、放电，这会消耗一定的功率 P_L，其计算公式如下。

$$P_\text{L} = C_\text{L} V_\text{DD}^2 f$$

总的动态功耗 P_D 是 P_T 和 P_L 之和，即

$$P_\text{D} = (C_\text{PD} + C_\text{L}) V_\text{DD}^2 f$$

动态功耗通常称为 $CV_\text{DD}^2 f$ 功耗，其大小一般在 1 mW 左右。正是由于其低功耗的优点，CMOS 电路在需要电池供电的场合（如笔记本电脑、数码摄像机、手机等）中得到了广泛的应用。

表 3-1 所示的是 74HC、74HCT 系列 CMOS 电路的主要性能参数。74HCT 系列电路是指与 TTL 电路可完全兼容并可完全互换使用的一种高速 CMOS 电路。

表 3-1　74HC、74HCT 系列 CMOS 电路的参数表

参　　数	符号/单位		74HC	74HCT
输入高电平	U_IHmin/V		3.5	2
输入低电平	U_ILmax/V		1.5	0.8
输入高电平电流	I_IHmax/μA		1	1
输入低电平电流	I_ILmax/μA		−1	−1
输出高电平	U_OHmin/V	CMOS 负载	4.9	4.9
		TTL 负载	3.84	3.84
输出低电平	U_OLmax/V	CMOS 负载	0.1	0.1
		TTL 负载	0.33	0.33
输出高电平电流	I_OHmax/mA	CMOS 负载	−0.02	−0.02
		TTL 负载	−4	−4
输出低电平电流	I_OLmax/mA	CMOS 负载	0.02	0.02
		TTL 负载	4	4
平均传输延迟时间	t_pd/ns		9	10
功耗	P_D/mW		0.56	0.39

3.1.3　其他 CMOS 电路

CMOS 电路除了前面介绍的电路外，还有一些能满足其他特定应用需要的 CMOS 电路，主要有传输门、三态输出门、漏极开路门以及施密特整形电路等。

1. CMOS 传输门

CMOS 传输门（transmission gate，TG）由一个 PMOS 管 T_P 和 NMOS 管 T_N 并联构成，

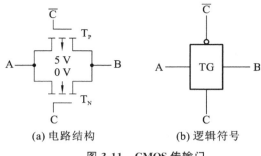

(a) 电路结构　　　　(b) 逻辑符号

图 3-11　CMOS 传输门

其电路结构和逻辑符号如图 3-11（a）、（b）所示。T_P 和 T_N 的源极相连作为输入端 A，漏极相连作为输出端 B，栅极作为一对互补的控制器 C 和 $\overline{C}$。T_P 和 T_N 结构对称，二者的漏极和源极可以互换，因此 CMOS 传输门的输入端和输出端可以互换，即 CMOS 传输门是一个双向器件。假设 PMOS 和 NMOS 管的开启电压 $|U_T|=2$ V，当电源电压为 +5 V 时，电路中信号电平的变化范围为 0～+5 V。

当 C=0，$\overline{C}$ 端接 +5 V 电压时，T_P 栅极为高电平 +5 V，T_N 栅极为低电平 0 V，T_P 和 T_N 同时截止，输入端 A 和输出端 B 之间呈现高阻状态，传输门断开，不能传送信号。

当 C 端接 +5 V，$\overline{C}=0$ 时，u_A 在 0～+3 V 范围内变化时，T_N 导通；u_A 在 +2～+5 V 范围内变化时，T_P 导通。由此可知，C=1，$\overline{C}=0$ 时，T_P 和 T_N 至少有一个导通，$u_A=u_B$，信号可以由 A 传送到 B，也可由 B 传送到 A。

传输门的应用较为广泛，不仅可以作为逻辑电路的基本单元电路，进行数字信号的传输，还可以构成模拟开关，在模/数转换和数/模转换、取样/保持等电路中传输模拟信号。图 3-12 所示的是由 CMOS 传输门和非门构成的模拟开关，当 C=1 时，开关闭合，A、B 之间进行数据传送；当 C=0 时，开关断开，A、B 不通，不能进行数据传送。

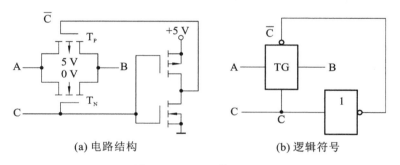

(a) 电路结构　　　　　　　　(b) 逻辑符号

图 3-12　CMOS 模拟开关

2. 三态门输出电路

一般逻辑门的输出有高电平和低电平两种状态，三态输出门电路（tristate logic，TSL）除了具有这两种状态之外，还具有高输出阻抗的第三种状态，称为高阻态。在高阻态下，输出端好像和电路没有连接一样，只有小的漏电流流进或者流出输出端。CMOS 三态输出门电路的结构如图 3-13（a）所示（为了简化结构图，内部的与非门、或非门以及非门用逻辑符号表示，共使用了 10 个 MOS 管），其中，A 是输入端，Y 是输出端，EN 是高电平有效的使能端，图 3-13（b）所示的是其逻辑符号。

当使能端 EN=1 时，若 A=0，则 B=1、C=1，使得 T_N 导通，T_P 截止，输出变量 Y=0；若 A=1，则 B=0、C=0，使得 T_N 截止，T_P 导通，输出变量 Y=1。

当使能端 EN=0 时，无论 A 取何值，都使得 B=1、C=0，T_N 和 T_P 均截止，输出端开路，即非高电平，也非低电平，而是高阻态。

综上所述，当 EN 为高电平时，电路处于正常逻辑状态，Y=A；当 EN 为低电平时，电路处于高阻状态。图 3-13（c）所示的是三态输出门电路的真值表，其中"×"表示 A 可以为 0 或 1。

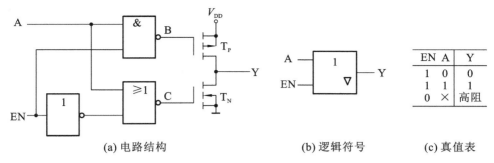

| (a) 电路结构 | (b) 逻辑符号 | (c) 真值表 |

图 3-13 高电平使能三态输出门电路

三态输出门电路主要用于总线传输,如用于计算机或微处理机系统。图 3-14 所示的是由多个三态门构成的 1 位总线,任意时刻只能有一个三态门电路被使能,从而将相应的信号传到总线上,而其他三态门均处于高阻态。由此可实现总线数据的分时传送。

除了前面介绍的 CMOS 电路外,还有一些能满足其他特定应用需要的 CMOS 电路,主要有传输门、三态输出门、漏极开路门以及施密特整形电路等。

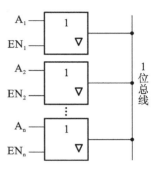

图 3-14 由三态门构成的 1 位总线

3. 漏极开路门电路

普通 CMOS 逻辑门的输出端不能连在一起,图 3-15 (a)所示的是两个 CMOS 非门输出端相连的情况,在图 3-15(b)所示电路中,当 A＝0、B＝1 时,从电源经导通的低阻抗 T_{P1} 和 T_{N2} 将有较大的电流 I 流过,有可能导致器件的损坏,并且无法确定输出为高电平还是低电平。

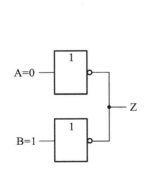

(a) 两个CMOS非门输出端相连

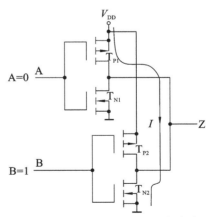

(b) A=0、B=1时流经逻辑门的电流

图 3-15 普通 CMOS 非门输出端相连

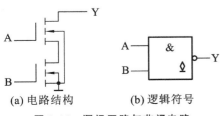

(a) 电路结构   (b) 逻辑符号

图 3-16 漏极开路与非门电路

漏极开路门电路(open drain,OD)可以解决工程实践中需要将多个逻辑门输出端相连的问题。所谓漏极开路是指 CMOS 门电路中只有 NMOS 管,并且其漏极是开路的。CMOS 漏极开路与非门电路及其逻辑符号如图 3-16(a)和(b)所示,其中"◇"表示漏极开路。

若将多个漏极开路门电路的输出端连接在一起,并通过一个电阻 R_P 与电源 V_{DD} 相连,则可实现逻辑与的功能。图 3-17(a)所示的是两个漏极开路与非门输出端相连的电路及其逻辑图。此电路只有当两个与非门的输出全为 1 时,输出 Y 才为 1;只要其中一个为 0,输出就为 0。这说明漏极开路电路输出端相连可实现逻辑与的功能,即

$$Y = \overline{AB} \cdot \overline{CD}$$

这种通过输出端线相连形成的逻辑与,称为"线与",电阻 R_P 称为上拉电阻,这个电阻的取值大小是有限制的。

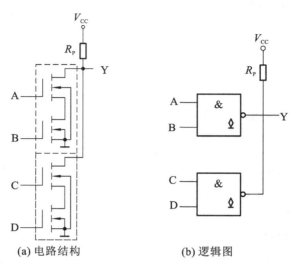

(a) 电路结构   (b) 逻辑图

图 3-17 漏极开路与非门线与电路

上拉电阻 R_P 的大小选择原则是:当全部 OD 门截止时,应保证 OD 门输出高电平不低于其最小值 U_{OHmin},R_P 不能太大;当一个或一个以上 OD 门导通时,要保证输出低电平不高于其最大值 U_{OLmax}。

图 3-18(a)所示电路中,n 个 OD 门输出端直接相连,驱动 N 个负载门,共接入 m 个输入端,当所有 OD 门均输出高电平时,上拉电阻最大值 R_{Pmax} 可按如下公式计算。

$$R_{Pmax} = \frac{V_{DD} - U_{OHmin}}{nI_{OH} + mI_{IH}}$$

式中:I_{OH} 是 OD 门输出高电平时,流入每个 OD 门的漏电流;I_{IH} 是负载门的输入高电平电流。

图 3-18(b)所示电路中,在 n 个并联的 OD 门中,若仅有一个 OD 门导通,则输出端为低电平,其他门截止,并忽略截止管的漏电流,这时的上拉电阻最小值 R_{Pmin} 可按下式计算。

$$R_{Pmin} = \frac{V_{DD} - U_{OLmax}}{I_{OLmax} - NI_{IL}}$$

式中:I_{OLmax} 为驱动门输出低电平时电流的最大值;I_{IL} 为负载的灌电流;N 为负载门的个数。

4. 施密特整形电路

CMOS 施密特整形电路是一种特殊的门电路,也称为施密特触发器。施密特整形电路主要用于工作场合干扰比较大、输入信号波动较大且不规则的情况下,通过内部特殊的电路结构,对信号进行处理,以完成规定的逻辑功能。施密特整形电路的商品器件是以门电路的形式供应的,比较常用的器件是施密特反相器。图 3-19 所示的是施密特反相器的逻辑符号及其输入-输出电压传输特性曲线。

通过图 3-19(b)可以看出,当施密特反相器输入电压由 0 V 增加至 2.9 V 左右时,输出

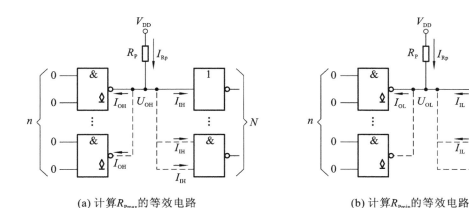

(a) 计算R_{Pmax}的等效电路　　　　　　　　　(b) 计算R_{Pmin}的等效电路

图 3-18　OD 门上拉电阻的计算

才会由高电平变为低电平；如果输出为低电平，那么输入电压要降到 2.1 V 时，输出低电平才能变为高电平。这个 2.9 V 电压称为输入信号的正向阈值电压 U_{T+}，这个 2.1 V 电压称为反向阈值电压 U_{T-}，二者之差称为"滞后电压"，施密特反相器的滞后电压约为 0.8 V。

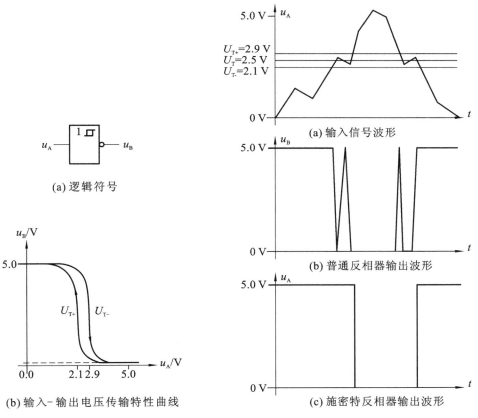

(a) 逻辑符号

(b) 输入-输出电压传输特性曲线

图 3-19　施密特反相器

(a) 输入信号波形

(b) 普通反相器输出波形

(c) 施密特反相器输出波形

图 3-20　施密特反相器对噪声的响应

为了说明滞后的作用，图 3-20(a)给出了输入信号 u_A 的波形，说明该信号波动幅度比较大。对于没有滞后作用的普通反相器，输入信号的电压值每次经过 2.5 V 左右，都将引起输出信号的变化。而施密特反相器由于具有 0.8 V 左右的滞后电压，对这种幅值变化较大的输入信号，施密特反相器具有抗干扰和整形的能力，输出为一个较为理想的波形。

3.1.4 CMOS 逻辑系列

在 CMOS 电路中,比较早出现的是 4000 系列,以后又有 4500 系列问世,性能虽有改进,但其工作速度仍然偏低,而且与 TTL 电路兼容性差。目前,在实际应用中广泛采用以下逻辑系列。

1. 74HC 和 74HCT 系列

与早期的 4000 系列相比,74HC(high-speed CMOS)和 74HCT(high-speed CMOS,TTL compatible)的速度更高、带负载能力更强。74HC 系列用于只采用 CMOS 电路的系统中,可使用较低的 2~6 V 工作电压;74HCT 系列采用 5 V 工作电压,可与 TTL 电路完全兼容和匹配。

2. 74VHC 和 74VHCT 系列

74VHC(very high-speed CMOS)和 74VHCT(very high-speed CMOS,TTL compatible)系列是最新、最通用的逻辑系列,其工作速度约为 74HC 和 74HCT 系列的 2 倍,并与前期系列保持向后的兼容性。

3. 74FCT 和 74FCT-T 系列

20 世纪 90 年代出现的 74FCT(fast CMOS,TTL compatible)和 74FCT-T(fast CMOS,TTL compatible with TTL U_{OH})系列,在进一步降低功耗并与 TTL 完全兼容的条件下,其速度和驱动能力能达到甚至超过性能好的 TTL 电路。

4. 74LVC 和 74AUC 系列

低电压 74LVC(low-voltage logic)系列和超低电压 74AUC(ultra-low-voltage logic)系列采用低于 5 V 的供电电压,成本更低、速度更快、功耗更低、体积更小,在便携式电子产品中得到了广泛的应用。

3.2 TTL 逻辑门电路

3.2.1 TTL 逻辑门电路简介

TTL 逻辑门电路,全称 transistor-transistor logic,即 BJT-BJT 逻辑门电路,是数字电子技术中常用的一种逻辑门电路,应用较早,技术已比较成熟。TTL 主要由 BJT(bipolar junction transistor,即双极结型晶体管,晶体三极管)和电阻构成,具有速度快的特点。

1. 双极型晶体三极管的开关特性

双极型三极管是一种三端器件,三个电极分别为基极 B、集电极 C、发射极 E。在基极输

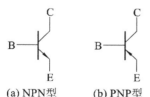

(a) NPN型   (b) PNP型

图 3-21 双极型三极管的电路符号

入电流的控制下,三极管工作在开关状态。根据其结构的不同,双极型三极管分为 NPN 型和 PNP 型,其电路符号如图 3-21 所示。

由 NPN 型硅三极管构成的开关电路如图 3-22(a)所示。当输入低电平 $u_A=0$ V 时,T 的发射结零偏,集电结反偏,$i_B≈0$,$i_C≈0$,集电结和发射结之间近似开路,相当于一个断开的开关,如图 3-22(b)所示,此时输出高电平 $u_C=V_{CC}$。当输入为高电平 $u_B=+5$ V 时,调节 R_B,使得基极电流 i_B 较大,并且集电极电流 i_C 接近达到最大值 V_{CC}/R_C,此时 T 处于饱和状态,集电极和发射极之间的电压为 0.2~0.3 V,近似于短路,相当于一个闭合的开关,如图 3-22(c)所示,忽略三极管的饱和管压降,此时输出低电平 $u_C=0$ V。因此,图 3-22(a)所示的是一个基本的 TTL 反相器电路。

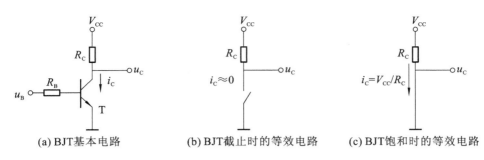

(a) BJT基本电路   (b) BJT截止时的等效电路   (c) BJT饱和时的等效电路

图 3-22　基本的 BJT 开关电路

2. 基本 TTL 与非门

二输入端基本 TTL 与非门的电路结构如图 3-23(a)所示,由输入级、中间级和输出级三部分组成。输入级由多发射极三极管 T_1 和二极管 D_1 和 D_2 组成。其中,T_1 的发射结可看成是与集电结背靠背的两个二极管,如图 3-23(b)所示。D_1 和 D_2 为输入保护二极管,限制输入负脉冲。中间级由 T_2 构成,其集电极和发射极的信号相位相反,分别驱动 T_3 和 T_4。T_3、T_4 和 D_3 构成推拉式输出。

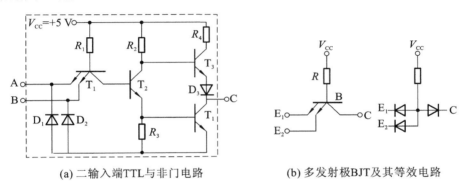

(a) 二输入端TTL与非门电路   (b) 多发射极BJT及其等效电路

图 3-23　基本 TTL 与非门

假定 TTL 电路输入信号高电平为 3.6 V,低电平为 0.3 V,三极管的饱和压降 $U_{CES}=0.3$ V。当 $u_A=u_B=3.6$ V 时,电源 V_{CC} 通过电阻 R_1 使 T_1 的集电结和 T_2、T_4 的发射结导通,故 $u_{B1}=0.7$ V$+0.7$ V$+0.7$ V$=2.1$ V,T_1 的两个发射结反向偏置,多发射极管 T_1 处于倒置工作状态,倒置工作时三极管的电流放大倍数为 1,因此 $i_{B2}\approx i_{B1}$,基极电流较大,使 T_2 处于饱和状态。由此,T_2 集电极电位 $u_{C2}=U_{CES2}+u_{BE4}=0.3$ V$+0.7$ V$=1.0$ V,故 T_3 和 D_3 截止,使 T_4 的集电极电流近似为零,T_4 处于饱和状态,输出低电平 $u_F=U_{CES4}=0.3$ V。

若 u_A 和 u_B 中任意一个为低电平 0.3 V 时,T_1 的两个发射结至少有一个导通,即 $u_{B1}=0.3$ V$+0.7$ V$=1.0$ V<2.1 V,故 T_2 和 T_4 都处于截止状态。电源电压 V_{CC} 通过电阻 R_2 使 T_3 和 D_3 导通,输出电压为

$$u_F \approx V_{CC}-i_{B3}R_2-u_{BE3}-u_{D3}$$

由于 i_{B3} 很小,故电阻 R_2 上的压降很小,可忽略不计,u_{BE3} 和 u_{D3} 都为 0.7 V,故输出高电平 $u_F\approx 5$ V-0.7 V-0.7 V$=3.6$ V。

由以上分析可知:输入信号有一个或两个为低电平时,输出高电平;当输入信号全为高电平时,输出为低电平。因此,该逻辑门可实现与非的逻辑运算:$F=\overline{A\cdot B}$。

3.2.2　TTL 电路特性参数

下面以典型的 74LS 系列 TTL 电路(工作电压为 5 V)为例,介绍相关参数指标。

1. 逻辑电平和噪声容限

输出高电平最小值 $U_{\text{OHmin}}=2.7$ V,输入高电平最小值 $U_{\text{IHmin}}=2.0$ V,输入低电平最大值 $U_{\text{ILmax}}=0.8$ V,输出高电平的最大值 $U_{\text{OLmax}}=0.5$ V。

高电平噪声容限

$$U_{\text{HN}}=U_{\text{OHmin}}-U_{\text{IHmin}}=2.7\ \text{V}-2.0\ \text{V}=0.7\ \text{V}$$

低电平噪声容限

$$U_{\text{LN}}=U_{\text{ILmax}}-U_{\text{OLmax}}=0.8\ \text{V}-0.5\ \text{V}=0.3\ \text{V}$$

因此,74LS 系列 TTL 电路噪声容限为 0.3 V。

2. 扇出系数

输出低电平最大灌电流 I_{OLmax} 为 8 mA,输出高电平最大拉电流 I_{OHmax} 为 -0.4 mA,输入低电平最大电流 I_{ILmax} 为 -0.4 mA,输入高电平最大电流 I_{IHmax} 为 0.02 mA。

拉电流负载扇出系数为 $\qquad N=\left|\dfrac{I_{\text{OHmax}}}{I_{\text{IHmax}}}\right|=\dfrac{0.4}{0.02}=20$

灌电流负载扇出系数为 $\qquad N=\left|\dfrac{I_{\text{OLmax}}}{I_{\text{ILmax}}}\right|=\dfrac{8}{0.4}=20$

3. 平均传输延迟时间与功耗

目前,TTL 电路与新型高速 CMOS 电路相比,尽管其平均传输延迟时间 t_{pd} 稍小,但已无明显优势,而功耗又很高。因此,从 20 世纪 90 年代开始,普通 TTL 电路已基本被新型高速 CMOS 电路所取代。表 3-2 所示的是 74LS、74ALS 系列 TTL 电路的主要性能参数。

表 3-2　74LS、74ALS 系列 TTL 电路的参数表

参　数	符号/单位	74LS	74ALS
输入高电平	U_{IHmin}/V	2	2
输入低电平	U_{ILmax}/V	0.8	0.8
输入高电平电流	I_{IHmax}/mA	0.02	0.02
输入低电平电流	I_{ILmax}/mA	-0.4	-0.1
输出高电平	U_{OHmin}/V	2.7	3
输出低电平	U_{OLmax}/V	0.5	0.5
输出高电平电流	I_{OHmax}/mA	-0.4	-0.4
输出低电平电流	I_{OLmax}/mA	8	8
平均传输延迟时间	t_{pd}/ns	9	4
功耗	P_{D}/mW	2	1.2

注:本表参数值的测试条件为 $V_{\text{CC}}=5$ V,$C_{\text{L}}=15$ pF,$T=25$ ℃。

3.3　逻辑门电路的实际应用

3.3.1　CMOS/TTL 接口电路

在数字电路的使用和设计中,出于对系统的功耗和工作速度的综合考虑,往往同时使用 CMOS 和 TTL 电路。由于二者之间的电平和电流不能完全兼容,因此相互连接时必须解决

匹配的问题。

电平匹配的条件:驱动门的输出高电平必须高于负载门的输入高电平,而驱动门的输出低电平必须低于负载门的输入低电平,即

$$U_{OHmin} \geqslant U_{IHmin} , \quad U_{OLmax} \geqslant U_{ILmax} \qquad (3\text{-}1)$$

电流匹配的条件:驱动门的输出电流必须大于负载门的输入电流,即

拉电流负载: $$I_{OHmax} \geqslant I_{IHmax} \qquad (3\text{-}2)$$

灌电流负载: $$I_{OLmax} \geqslant I_{ILmax} \qquad (3\text{-}3)$$

表 3-3 所示的是采用 5 V 工作电压的 74HC、74HCT 系列 CMOS 电路及 74LS 系列 TTL 电路相关的电压和电流参数,下面利用表 3-3 中的数据讨论两种电路相互连接的接口问题。另外,CMOS 器件逐渐向低电源电压方向发展,下面也将做简要介绍。

表 3-3 CMOS 电路和 TTL 电路相关电压和电流参数

参 数 名 称		CMOS 电路		TTL 电路
		74HC	74HCT	74LS
电源电压/V		5	5	5
输出电平	U_{OHmin}/V	3.84	3.84	2.7
	U_{OLmax}/V	0.33	0.33	0.5
输入电平	U_{IHmin}/V	3.5	2	2
	U_{ILmax}/V	1.5	0.8	0.8
输出电流	U_{OHmax}/mA	−4	−4	−0.4
	U_{OLmin}/mA	4	4	8
输入电流	U_{IHmax}/mA	0.001	0.001	0.02
	U_{ILmax}/mA	−0.001	−0.001	−0.4

1. CMOS 电路驱动 TTL 电路

由表 3-3 所示的数据可以看出,74HC、74HCT 系列 CMOS 电路与 74LS 系列 TTL 电路的电压、电流参数满足式(3-1)、式(3-2)、式(3-3)的关系,因此前者可以直接驱动后者。

2. TTL 电路驱动 CMOS 电路

表 3-3 所示的 74LS 系列 TTL 电路驱动 74HCT 电路时,由于高、低电平兼容,不需另加接口电路;但 74LS 系列的 U_{OHmin} 小于 74HC 系列的 U_{IHmin},所以前者不能直接驱动后者,可采用如图 3-24 所示电路,在 TTL 电路输出端与 +5 V 电源之间接一个上拉电路 R_P,来提高 TTL 电路的输出高电平。上拉电阻的值取决于负载器件的数目以及 TTL 和 CMOS 电路的电流参数。

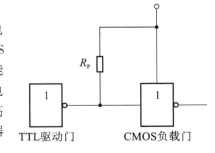

图 3-24 电路驱动 CMOS 电路的连接图

3. 低电压 CMOS 电路及其接口

CMOS 电路的动态功耗为 $CV_{DD}^2 f$ 的形式,因此减小电源电压,可以大大降低功耗。另外,由于晶体管的尺寸趋向于更小化,MOS 管栅源、栅漏之间的绝缘氧化物层越来越薄,难

以承受高达 5 V 的供电压。因此，IC 行业已经向低电源电压方向发展，JEDEC(IC 工业标准协会)规定了 3.3 V、2.5 V、1.8 V 的标准逻辑电源电压以及相应的输入/输出逻辑电平，生产厂家也已经推出了一系列的低电压集成电路。不同供电电压的逻辑器件之间也存在接口问题。

采用 3.3 V 供电电源的 74VC 系列 CMOS 电路的输入端可以承受 5 V 输入电压，因此可以与 HCT 系列 CMOS 电路或 TTL 电路直接相连；74LVC 系列的输出高电平低于 HC 系列的输入低电平，因此当前者驱动后者时，需要采用电平变换电路或上拉电阻。

采用 2.5 V 或 1.8 V 供电电源的 CMOS 电路与其他系列的逻辑电路接口时，则需要专用的电平转换电路，如 74ALVC164245 可用于不同 CMOS 系列或 TTL 系列之间的电平转移。

3.3.2 集成逻辑门电路型号的识别

1. CMOS 数字集成电路

目前国内外 CMOS 数字集成电路型号命名方法已完全一致，可标记为 54/74FAMnnte 的形式。其中，各部分符号的含义如下。

（1）74 代表民品，54 代表军品。

（2）"FAM" 为按字母排列的系列标记。例如，"HC" 代表高速系列，"HCT" 代表高速、与 TTL 兼容系列，"VHC" 代表甚高速系列，"VHCT" 代表与 TTL 兼容的甚高速系列，"AHC" 代表先进的 HC 系列，"AHCT" 代表先进的、与 TTL 兼容的系列，"LVC" 代表低电压逻辑系列，"AUC" 代表超低电压逻辑系列。

（3）nn 为数字标记的功能编号，并且 nn 相同的不同系列器件具有相同的逻辑功能。例如，74C00、74HCT00、74HACT00 等都是二输入端 4 与非门。

（4）t 用字母表示工作温度的范围。一般 C 表示工作温度为 0~70 ℃，属民品范涛；M 表示工作温度为 -55~125 ℃，属军品范涛。

（5）最后一位 e 表示芯片的封装形式，可取 F、B、H、D、J、P、S、K、T、C、E、G 等字母。例如，B 表示塑料扁平封装，D 表示陶瓷双列直插封装，J 表示黑陶瓷双列直插封装，P 表示塑料直插封装等。

2. TTL 数字集成电路

与 CMOS 电路一样，国内外 TTL 器件的型号也标记为上述 54/74FAMnnte 的形式。例如，74S 代表民用肖特基 TTL，74LS 代表低功耗肖特基系列，74AS 代表先进的肖特基系列，74ALS 代表先进的低功耗肖特基系列，74F 代表快速 TTL 系列等。

3.3.3 使用集成逻辑门电路的注意事项

1. 电源

TTL 电路的电源电压为 +5 V，CMOS 电路电压为 3~18 V，一般要求电源电压波动范围在 ±5% 之内。由于数字电路在高、低电平之间转换时，在电源与地之间会产生较大的脉冲电流或尖峰电流，因此要在电源和地之间接入 10~100 μF 耦合滤波电容，或者在每一集成芯片的电源与地之间接一个 0.1 μF 的电容以消除开关噪声。此外，为了进一步降低电路噪声，可将电源地与信号地分开，先将信号地汇集在一起，然后将二者用最短的导线连起来，防止噪声电流引入某器件的输入端而破坏系统的正常逻辑功能。

2. 多余输入端的处理

在多输入端逻辑门的使用中，有时会遇到有多余输入端的情况，为了防止干扰，一般禁止悬空,这可作如下处理。

（1）将多余输入端与使用的输入端并接在一起。

（2）根据逻辑关系,与门和与非门的多余输入端可通过 $1\sim3\ \text{k}\Omega$ 的电阻与正电源相连,CMOS 电路可直接接电源,或门和或非门的多余输入端接地。

3. 输出端的连接

除特殊电路外,一般集成电路的输出端不允许直接接电源或地,输出端也不允许并接使用。

4. CMOS 电路的静电防护

由于 CMOS 电路为高输入阻抗器件,易感应静电高压,电路器件间绝缘层薄,因此在使用中尤其要注意静电保护的问题。

（1）包装、运输和储存 CMOS 器件时,不宜接触化纤材料和制品,最好用防静电材料包装。

（2）组装、调试 CMOS 电路时,所有工具、仪表、工作台、服装、手套等都要注意接地或防静电。

（3）CMOS 电路中有输入保护钳位二极管,为防止其过流损坏,如果输入端接有低内阻信号源或大电容,则要加限流电阻。

习 题 3

1. CMOS 电路与 TTL 电路相比,最大的优点是什么？请简述理由。

2. 已知图 3-25 所示的门电路都是 74 系列 TTL 电路,试判断各门电路的输出状态。

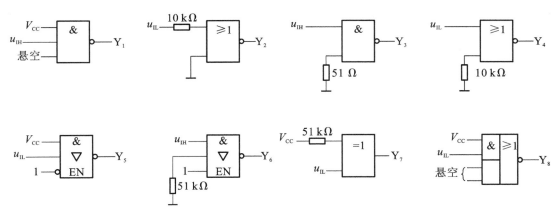

图 3-25 题 2 图

3. 已知图 3-26 所示的门电路都是 C4000 系列 CMOS 电路,试判断各门电路的输出是高电平还是低电平。

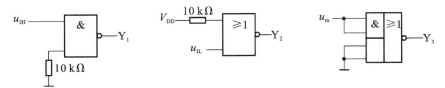

图 3-26 题 3 图

第 3 章 集成逻辑门电路

4. 在图 3-27 所示的电路中，R_1、R_2 和 C 构成输入滤波电路。当开关 S 闭合时，要求门电路的输入电压 $u_{IL} \leqslant 0.4$ V；当开关 S 断开时，要求门电路的输入电压 $u_{IH} \geqslant 4$ V，试求 R_1 和 R_2 的最大允许阻值。$G_1 \sim G_5$ 为 74LS 系列 TTL 反相器，它们的高电平输入电流 $I_{IH} \leqslant 20 \ \mu A$，低电平输入电流 $u_{IL} \leqslant -0.4$ mA。

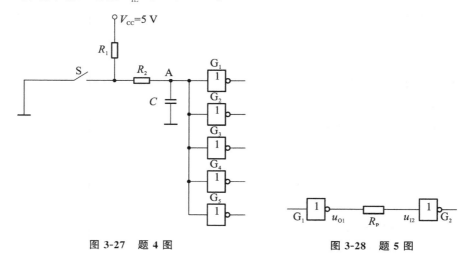

图 3-27　题 4 图　　　　　　　图 3-28　题 5 图

5. 在图 3-28 所示的电路中，要使反相器 G_1 能驱动反相器 G_2，则电阻 R_P 最大为多少？

6. 根据下面表格所示的数据，选择一种可以在高噪声环境下工作的门电路，请问应该选择哪一种？并说明理由（三种门电路工作电压均为 +5 V）。

逻辑门	U_{OHmin}/V	U_{OLmax}/V	U_{IHmin}/V	U_{ILmax}/V
甲	4.44	0.5	3.5	1.5
乙	2.4	0.4	2.0	0.8
丙	2.7	0.5	2.0	0.8

7. 电路和加在输入端的波形如图 3-29 所示，画出输出 F 的波形。

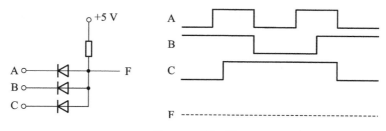

图 3-29　题 7 图

8. 给定逻辑门电路的 $U_{OHmin} = 2.2$ V，请问高电平状态下该逻辑门能否驱动一个 $U_{IHmin} = 2.5$ V 的负载门。若该逻辑门电路的 $U_{OLmax} = 0.45$ V，请问低电平状态下该逻辑门能否驱动一个 $U_{ILmax} = 0.75$ V 的负载门？并说明理由。

9. 请指出 CMOS 三态门的三种可能的输出状态及其主要应用。

10. 74HC 系列 CMOS 电路和 74LS 系列 TTL 电路相比，哪一种电路的抗干扰能力较强？请简述理由。

习题 3 答案

1. 【答】略。

2. 【解】Y_1 端输出为低电平；Y_2 端输出为低电平；Y_3 端输出为高电平；Y_4 端输出为高电平；Y_5 端输出为高阻态；Y_6 端输出为高电平；Y_7 端输出为高电平；Y_8 端输出为低电平。

3. 【解】Y_1 端输出为高电平；Y_2 端输出为低电平；Y_3 端输出为低电平。

4. 【解】S 断开时，$G_1 \sim G_5$ 的输入电压 $u_{IH} \geq 4$ V，输入电流 $I_{IH} \leq 20$ μA，于是 A 点电压

$$u_A \geq 4 \text{ V}$$

R_2 上电流

$$I_A \leq 5 \times I_{IH} = 0.1 \text{ mA}$$

故

$$(R_1 + R_2)I_A = V_{CC} - u_A$$

即

$$R_1 + R_2 = \frac{V_{CC} - u_A}{I_A} \leq \frac{V_{CC} - 4 \text{ V}}{0.1 \text{ A}} = \frac{5-4}{0.1} \text{ k}\Omega = 10 \text{ k}\Omega$$

S 闭合时，$G_1 \sim G_5$ 的输入电压 $u_{IL} \leq 0.4$ V，A 点电压 $u_A \leq 0.4$ V，R_2 上电流 $I_A \geq 0.4 \times 5$ mA $= 2.0$ mA，由 $G_1 \sim G_5$ 的输入端流出，即

$$R_2 I_A = u_A$$

即

$$R_2 = \frac{u_A}{I_A} \leq \frac{0.4}{2.0} \text{ k}\Omega = 0.2 \text{ k}\Omega$$

故

$$R_{2\max} = 200 \ \Omega; \quad R_{1\max} = 9.8 \text{ k}\Omega$$

5. 【解】$u_{O1} = u_{OH}$、$u_{I2} = u_{IH\min}$ 时

应满足：

$$u_{OH} - I_{IH\min} R_P \geq V_{IH\min}$$

$$R_P \leq \frac{V_{OH} - V_{IH\min}}{I_{IH}} = 35 \text{ k}\Omega$$

当 $u_{O1} = u_{OL}$、$u_{I2} = u_{IL\max}$ 时，有

$$\frac{V_{CC} - u_{BE1} - u_{IL\max}}{R_1} \leq \frac{u_{IL\max} - u_{OL}}{R_P}$$

$$R_P \leq \frac{u_{IL\max} - u_{OL}}{V_{CC} - u_{BE1} - u_{IL\max}} \cdot R_1 = 0.69 \text{ k}\Omega$$

因此，R_P 不应大于 690 Ω。

6. 【解】应该选择逻辑门甲。因为逻辑门的抗干扰能力用噪声容限来表示，噪声容限越大，表示逻辑门的抗干扰能力越强。甲、乙、丙三种逻辑门的高低电平噪声容限的大小分别如下。

逻辑门	$U_{HN} = U_{OH\min} - U_{IH\min}/V$	$U_{LN} = U_{IL.\max} - U_{OL.\max}/V$
甲	0.94	1
乙	0.4	0.4
丙	0.7	0.3

7.【**解**】输出 F 的波形如下。

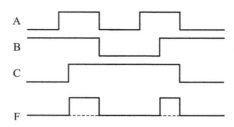

8.【**解**】 $U_{OHmin} = 2.2$ V $< U_{Ihmin} = 2.5$ V,所以前者不能直接驱动后者。

$U_{OImax} = 0.45$ V $< U_{Ilmax} = 0.75$ V,所以前者可以直接驱动后者。

9.【**解**】 CMOS 三态门的三种可能的输出状态为:0、1 和高阻态。主要用于总线传输。

10.【**解**】 CMOS 电路的噪声容限比 TTL 电路大,其抗干扰能力比较强。

第 ④ 章　组合逻辑电路

数字电路按其完成逻辑功能的不同,可分为组合逻辑电路和时序逻辑电路等两大类。组合逻辑电路指的是该电路在任意时刻的稳态输出仅仅取决于该时刻的输入信号,而与电路的历史状态无关的逻辑电路。从电路结构上看,组合逻辑电路仅由门电路组成,电路中无记忆元件,输入与输出之间无反馈。本章主要讨论组合逻辑电路的分析和设计方法。

本章要求理解组合逻辑电路的分析与设计方法,重点掌握加法器、数据选择器、数值比较器、编码器和译码器的基本原理和应用。

4.1　组合逻辑电路的分析和设计

4.1.1　组合逻辑电路的分析方法

组合逻辑电路的分析即根据已知的逻辑电路图,找出其逻辑函数表达式,或者写出其真值表,从而了解其电路的逻辑功能。

常用的组合逻辑分析方法如下。

(1)用文字或符号标出各个门的输入端和输出端。

(2)从输入端到输出端逐级写出输出变量对输入变量的逻辑函数表达式,也可由输出端向输入端逐级推导,最后得到以输入变量表示的输出逻辑函数表达式。

(3)用逻辑代数或者卡诺图化简或变换各逻辑函数表达式,或者列出真值表。

(4)根据真值表或逻辑函数表达式确定电路的逻辑功能。

【例 4-1】　已知逻辑图如图 4-1 所示,说明电路的逻辑功能。

【解】　具体步骤如下。

(1)用文字或符号标出各个门的输入端和输出端,如图 4-1 中所示的 Y_1、Y_2、Y_3、Y。

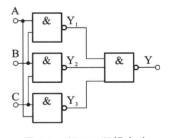

图 4-1　例 4-1 逻辑电路

(2)从输入端到输出端逐级写出输出变量对输入变量的逻辑函数表达式。

$$Y_1 = \overline{AB}, \quad Y_2 = \overline{BC}, \quad Y_3 = \overline{CA}, \quad Y = \overline{Y_1 Y_2 Y_3} = \overline{\overline{AB}\,\overline{BC}\,\overline{AC}}$$

(3)用逻辑代数或者卡诺图化简或变换各逻辑函数表达式,或者列出真值表。

其逻辑函数为

$$Y = AB + BC + CA$$

其真值表如表 4-1 所示。

表 4-1　例 4-1 真值表

A	B	C	Y
0	0	0	0
0	0	1	0

A	B	C	Y
0	1	0	0
0	1	1	1
1	0	0	0
1	0	1	1
1	1	0	1
1	1	1	1

（4）根据真值表或逻辑函数表达式确定电路的逻辑功能。

由以上分析可知,图 4-1 所示的逻辑电路为一个 3 人表决电路,只要有 2 票或者 3 票同意,表决就通过。

【例 4-2】 已知逻辑图如图 4-2 所示,说明电路的逻辑功能。

【解】 具体步骤如下。

（1）用文字或符号标出各个门的输入端和输出端。

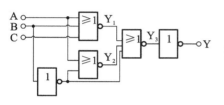

图 4-2 例 4-2 逻辑电路

（2）从输入端到输出端逐级写出输出函数对输入变量的逻辑函数表达式,即

$$Y_1 = \overline{A + B + C}$$
$$Y_2 = \overline{A + \overline{B}}$$
$$Y_3 = \overline{Y_1 + Y_2 + \overline{B}}$$

（3）用逻辑代数或者卡诺图化简或变换各逻辑函数表达式,或者列出真值表。

$$Y = \overline{Y_3} = Y_1 + Y_2 + \overline{B} = \overline{A + B + C} + \overline{A + \overline{B}} + \overline{B}$$
$$= \overline{A}\,\overline{B}\,\overline{C} + \overline{A}B + \overline{B} = \overline{A}B + \overline{B} = \overline{A} + \overline{B}$$

其真值表如表 4-2 所示。

表 4-2 例 4-2 真值表

A	B	C	Y
0	0	0	1
0	0	1	1
0	1	0	1
0	1	1	1
1	0	0	1
1	0	1	1
1	1	0	0
1	1	1	0

（4）根据真值表或逻辑函数表达式确定电路的逻辑功能。

由以上分析可知，输出 Y 只与输入 A、B 有关，而与输入 C 无关。Y 与 A、B 的逻辑关系为：A、B 中只要有一个为 0，Y＝1；A、B 全为 1 时，Y＝0。所以 Y 和 A、B 的逻辑关系为与非运算关系，即

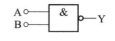

图 4-3　逻辑与非关系

$$Y=\overline{A}+\overline{B}=\overline{AB}$$

其逻辑符号如图 4-3 所示。

4.1.2　组合逻辑电路的设计方法

组合逻辑电路的设计，即根据给出的实际逻辑问题，求出实现这一逻辑功能的最简单逻辑电路。

组合逻辑电路的设计步骤一般如下。

（1）根据实际逻辑问题确定输入变量、输出变量，并定义逻辑状态的含义，即建立逻辑系统。

（2）根据输入和输出的因果关系，列出真值表。

（3）由真值表写出逻辑表达式，根据需要化简和变换逻辑表达式。

（4）选定器件的类型。根据需要可选用小规模集成门电路、中规模集成常用组合逻辑器件、可编程逻辑器件等。

（5）画出逻辑电路的连接图。

【例 4-3】某工厂有 A、B、C 三个车间和一个自备电站，站内有两台发电机 G_1、G_2。G_1 的容量是 G_2 的 2 倍。如果一个车间开工，只需要 G_2 运行即可满足要求；如果两个车间开工，只需要 G_1 运行即可满足要求；如果三个车间同时开工，则需要 G_1 和 G_2 同时运行才可满足要求。试画出控制 G_1 和 G_2 运行的逻辑图。

【解】具体步骤如下。

（1）根据实际逻辑问题确定输入变量、输出变量，并定义逻辑状态的含义，即建立逻辑系统。首先假设逻辑变量，逻辑函数取"0"、"1"的含义。设 A、B、C 分别表示三个车间的开工状态：令开工为"1"，不开工为"0"；G_1、G_2 运行为"1"，不运行为"0"。

（2）根据输入和输出的因果关系，列出真值表。

本题的逻辑要求为：如果一个车间开工，只需要 G_2 运行即可满足要求；如果两个车间开工，只需要 G_1 运行即可满足要求；如果三个车间同时开工，则需要 G_1 和 G_2 同时运行才可满足要求。

其真值表如表 4-3 所示。

表 4-3　例 4-3 真值表

A	B	C	G_1	G_2
0	0	0	0	0
0	0	1	0	1
0	1	0	0	1
0	1	1	1	0
1	0	0	0	1
1	0	1	1	0
1	1	0	1	0
1	1	1	1	1

（3）由真值表写出逻辑表达，根据需要化简和变换逻辑表达式，即

$$G_1 = \overline{A}BC + A\overline{B}C + AB\overline{C} + ABC$$

$$G_2 = \overline{A}\,\overline{B}C + \overline{A}B\overline{C} + A\overline{B}\,\overline{C} + ABC$$

化简逻辑表达式，可得

$$G_1 = AB + BC + AC$$

或者由卡诺图可以得出相同的结果，如图 4-4 所示。

$$G_2 = \overline{A}\,\overline{B}C + \overline{A}B\,\overline{C} + A\overline{B}\,\overline{C} + ABC$$

由逻辑函数表达式画出卡诺图可知，该函数不可化简，如图 4-5 所示。

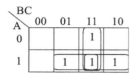

图 4-4 G_1 卡诺图

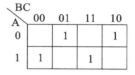

图 4-5 G_2 卡诺图

（4）选定器件的类型。用与非门构成逻辑电路，即

$$G_1 = \overline{\overline{AB + BC + AC}} = \overline{\overline{AB} \cdot \overline{BC} \cdot \overline{AC}}$$

$$G_2 = \overline{\overline{\overline{A}\,\overline{B}C} \cdot \overline{\overline{A}B\,\overline{C}} \cdot \overline{A\overline{B}\,\overline{C}} \cdot \overline{ABC}}$$

（5）画出逻辑电路的连接图，如图 4-6 所示。

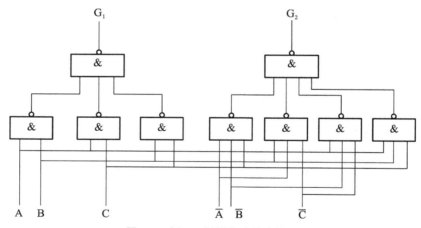

图 4-6   例 4-3 逻辑电路的连接图

 ## 4.2   加法器

4.2.1   半加器和全加器

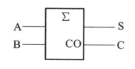

图 4-7   半加器的逻辑符号

半加器和全加器是算术运算电路中的基本单元，它们是完成 1 位二进制数相加的一种组合逻辑电路。若仅考虑两个 1 位二进制数相加，而不考虑低位的进位的运算，则称为半加。半加器的逻辑符号如图 4-7 所示。

设 A、B 为两个加数，S 为本位的和，C 为本位向高位的进位。则半加器的真值表如表 4-4 所示。

表 4-4 半加器真值表

A	B	C	S
0	0	0	0
0	1	0	1
1	0	0	1
1	1	1	0

其逻辑表达式如下。

$$S = A\overline{B} + \overline{A}B = A \oplus B$$
$$C = AB$$

其逻辑图如图 4-8 所示。

如果想用与非门组成半加器,则将上式用代数法变换成与非形式。

$$S = \overline{A}B + A\overline{B} = \overline{A}B + A\overline{B} + A\overline{A} + B\overline{B}$$
$$= A(\overline{A} + \overline{B}) + B(\overline{A} + \overline{B}) = A \cdot \overline{AB} + B \cdot \overline{AB}$$
$$= \overline{\overline{A \cdot \overline{AB}} \cdot \overline{B \cdot \overline{AB}}}$$

其逻辑图如图 4-9 所示。

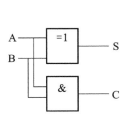

图 4-8 半加器逻辑图

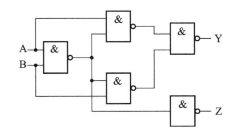

图 4-9 用与非门组成的半加器逻辑图

全加器为将两个 1 位二进制及来自低位的进位相加,其真值表见表 4-5。

表 4-5 全加器真值表

输 入			输 出	
A	B	CI	S	CO
0	0	0	0	0
0	0	1	1	0
0	1	0	1	0
0	1	1	0	1
1	0	0	1	0
1	0	1	0	1
1	1	0	0	1
1	1	1	1	1

$$\begin{cases} S = (\overline{A}\,\overline{B} + AB)CI + (\overline{A}B + A\overline{B})\overline{CI} = A \oplus B \oplus CI \\ CI = (\overline{A}B + A\overline{B})C + AB = (A \oplus B)C + AB \end{cases}$$

可由两个半加器实现全加器,如图 4-10 所示。

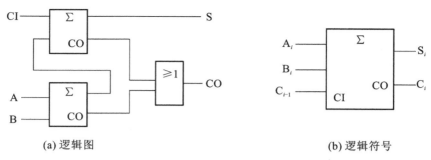

(a) 逻辑图   (b) 逻辑符号

图 4-10   全加器逻辑图及逻辑符号

4.2.2 多位数加法器

要进行多位数相加,最简单的方法就是将多个全加器进行级联,组成串行进位加法器。串行进位加法器的低位进位输出依次连接至相邻高位的进位输入端,最低位进位输入端接地,因此高位数的相加必须等到低位运算完成后才能进行,这种进位方式称为串行进位。串行进位加法器连接图如图 4-11 所示。

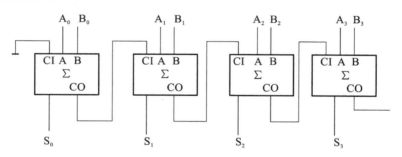

图 4-11   串行进位加法器连接图

串行进位加法器的逻辑表达式如下。

$$(CI)_i = (CO)_{i-1}$$
$$S_i = A_i \oplus B_i \oplus (CI)_i$$
$$(CO)_i = A_i B_i + (A_i + B_i)(CI)_i$$

串行进位加法器的优点是电路比较简单,缺点是速度比较慢。因为进位信号是串行传输,上图中最后一位的进位输出 CO 要经过四位全加器传递之后才能形成。如果位数增加,传输延迟时间将更加长,工作速度将更加慢。

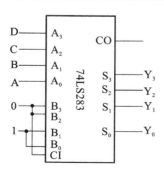

图 4-12   用 74LS283 组成的转换电路

4.2.3 加法器的应用

【例 4-4】 试设计将 8421 码转换为余 3 码的代码转换电路。

【解】 已知余 3 码等于 8421 码加 3,由此可以得到:

$$Y_3 Y_2 Y_1 Y_0 = DCBA + 0011$$

转换电路的真值表见表 4-6。

所以用一片 4 位加法器 74LS283 便可以接成所需要的电路,如图 4-12 所示。

表 4-6 转换电路真值表

输入				输出			
D	C	B	A	Y_3	Y_2	Y_1	Y_0
0	0	0	0	0	0	1	1
0	0	0	1	0	1	0	0
0	0	1	0	0	1	0	1
0	0	1	1	0	1	1	0
0	1	0	0	0	1	1	1
0	1	0	1	1	0	0	0
0	1	1	0	1	0	0	1
0	1	1	1	1	0	1	0
1	0	0	0	1	0	1	1
1	0	0	1	1	0	1	1

4.3 数据选择器

在数字系统中,经常需要将多条传输线上的不同数据信号,按照要求选择其中一条传输线上的信号传输至公共数据线,也常需要将公共数据线上的信号按要求分配到不同的通道。实现前者功能的器件称为数据选择器,实现后者功能的器件称为数据分配器。数据选择器根据输入数据个数的不同,可以分为 4 选 1、8 选 1 和 16 选 1 等几种类型。

4.3.1 4 选 1 数据选择器

4 选 1 数据选择器的真值表如表 4-7 所示。

表 4-7 4 选 1 真值表

输 入			输 出
D	A_1	A_0	Y
D_0	0	0	D_0
D_1	0	1	D_1
D_2	1	0	D_2
D_3	1	1	D_3

其中,D 为输入数据,A_1 和 A_0 为数据选择输入端,也称为地址变量。由地址码决定从 4 路输入中选择哪一路输出。其逻辑表达式如下。

$$Y = D_0 \, \overline{A_1} \, \overline{A_0} + D_1 \overline{A_1} A_0 + D_2 A_1 \overline{A_0} + D_3 A_1 A_0 = \sum_{i=0}^{3} D_i m_i$$

对应的逻辑图如图 4-13 所示。

4.3.2 集成数据选择器

74LS151 是一种典型的集成电路数据选择器,它有 3 个地址输入端 C、B、A,可选择 $D_0 \sim D_7$ 八个数据源,具有两个互补输出端,以及同相输出端 Y 和反向输出端 W,如图 4-14 所示。

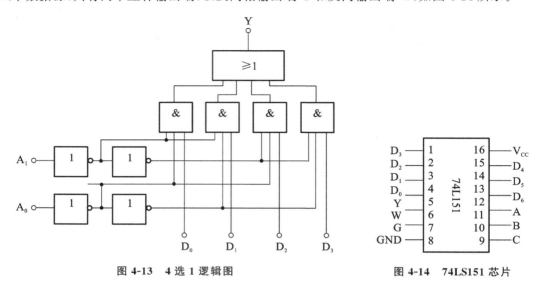

图 4-13　4 选 1 逻辑图　　　　图 4-14　74LS151 芯片

其逻辑图如图 4-15 所示。

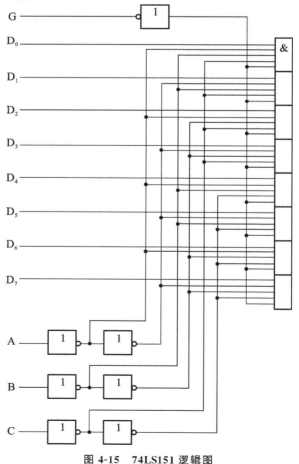

图 4-15　74LS151 逻辑图

输出 Y 的表达式为：

$$Y=\sum_{i=0}^{7}m_iD_i$$

74LS151 的功能表见表 4-8。

表 4-8 74LS151 的功能表

输　　入				输　　出	
使能	选择			Y	W
G	C	B	A		
H	×	×	×	L	H
L	L	L	L	D_0	$\overline{D_0}$
L	L	L	H	D_1	$\overline{D_1}$
L	L	H	L	D_2	$\overline{D_2}$
L	L	H	H	D_3	$\overline{D_3}$
L	H	L	L	D_4	$\overline{D_1}$
L	H	L	H	D_5	$\overline{D_5}$
L	H	H	L	D_6	$\overline{D_6}$
L	H	H	H	D_7	$\overline{D_7}$

当需要选择多位数据时,可采用将几个 1 位数据选择器并联的方法,即将它们的使能端连在一起,以及相应的选择输入端连在一起,如图 4-16 所示。

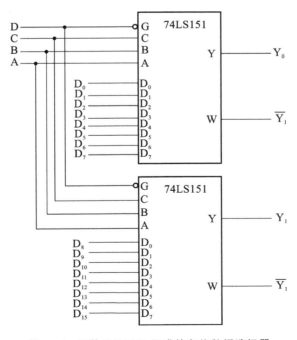

图 4-16 两片 74LS151 组成的多位数据选择器

将两片 8 选 1 数据选择器连接成 16 选 1 数据选择器的逻辑图,如图 4-17 所示。

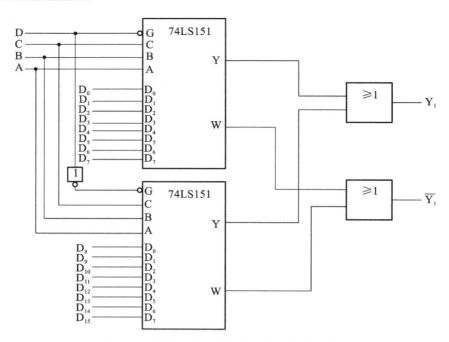

图 4-17　两片 8 选 1 数据选择器组成的逻辑图

4.3.3　用数据选择器实现组合逻辑电路

数据选择器在数字系统中的应用灵活方便、开发性强,故用途广泛。用数据选择器实现组合逻辑电路的基本原理为:具有 n 位地址输入的数据选择器,其逻辑表达式为 $Y = \sum_{i=0}^{2^n-1} D_i m_i$,即可产生任何形式的输入变量不大于 $n+1$ 的组合逻辑电路。

【例 4-5】　有三个同学要对一个方案进行表决,遵循少数服从多数的原则,设计该表决电路并用选择器来完成。

【解】　设输入变量 A、B、C 分别表示三个学生,输出变量 Y 表示为方案结果,见表 4-9。

表 4-9　例 4-5 真值表

输入变量			输出变量
A	B	C	Y
0	0	0	0
0	0	1	0
0	1	0	0
0	1	1	1
1	0	0	0
1	0	1	1
1	1	0	1
1	1	1	1

由真值表可得其逻辑函数表达式如下。

$$Y = \overline{A}BC + A\overline{B}C + AB\overline{C} + ABC$$

故可选用数据选择器 74LS151 来完成相应的功能,其电路连接如图 4-18 所示。

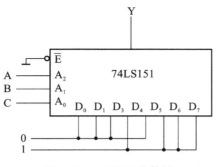

图 4-18   74LS151 连接图

4.4   数值比较器

数值比较器是对两个 1 位数字进行比较(A、B),以判断其大小的逻辑电路,要求输出的结果是需要比较的两个二进制数(A、B)的大小关系。

数值比较器的通用逻辑符号如图 4-19 所示。

由数值比较器的定义可以得到如下的关系。

(1) A>B 时,$Y_{(A>B)}=1$,$Y_{(A<B)}=Y_{(A=B)}=0$。

(2) A=B 时,$Y_{(A=B)}=1$,$Y_{(A<B)}=Y_{(A>B)}=0$。

(3) A<B 时,$Y_{(A<B)}=1$,$Y_{(A=B)}=Y_{(A>B)}=0$。

比较结果只有 A>B、A=B、A<B 这三种情况。也就是说,数值比较器每次比较的结果只可能出现一种比较情况,输出的是有效电平。数值比较器的输出变量是高电平有效。

1. 1 位数值比较器

1 位数值比较器的逻辑符号如图 4-20 所示。

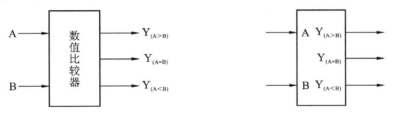

图 4-19   数值比较器通用符号   图 4-20   1 位数值比较器通用符号

设输入的两个二进制数位为 A、B,输出比较的结果为 $Y_{(A>B)}$,$Y_{(A=B)}$,$Y_{(A<B)}$ 三种情况。其真值表如表 4-10 所示。

表 4-10   1 位数值比较器的真值表

输 入		输 出		
A	B	$Y_{(A>B)}$	$Y_{(A=B)}$	$Y_{(A<B)}$
0	0	0	1	0
0	1	0	0	1
1	0	1	0	0
1	1	0	1	0

其逻辑函数表达式如下。

$$Y_{(A>B)}=A\overline{B}$$
$$Y_{(A=B)}=\overline{A}\,\overline{B}+AB=\overline{A\oplus B}$$
$$Y_{(A<B)}=\overline{A}B$$

1 位数值比较器的逻辑图如图 4-21 所示。

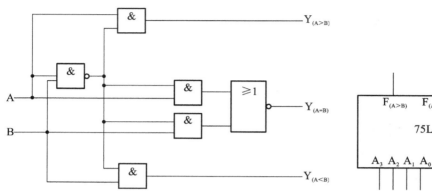

图 4-21　1 位数值比较器逻辑图

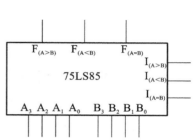

图 4-22　4 位数值比较器逻辑图

2. 4 位数值比较器

比较两个 4 位二进制数 $A=A_3A_2A_1A_0$，$B=B_3B_2B_1B_0$ 的大小关系时，需要从高位到低位逐位进行比较，只有当高位相等时才比较低位数。当比较到某一位数值不相等时，其结果便为两个 4 位数的比较结果。如果比较的时候，4 位二进制数均相等，那么这两个数的比较结果取决于级联输入端。4 位数值比较器逻辑图如图 4-22 所示。

在 4 位数值比较器中比较两个 4 位二进制数：$A=A_3A_2A_1A_0$ 和 $B=B_3B_2B_1B_0$ 的大小可以得到以下的结果。

（1）A＞B 时情况，具体如下。

① $A_3=1,B_3=0$。

② $A_3=B_3,A_2=1,B_2=0$。

③ $A_3=B_3,A_2=B_2,A_1=1,B_1=0$。

④ $A_3=B_3,A_2=B_2,A_1=B_1,A_0=1,B_0=1$。

⑤ $A_3=B_3,A_2=B_2,A_1=B_1,A_0=B_0,I_{(A>B)}=1$。

（2）A＜B 时的情况，具体如下。

① $A_3=0,B_3=1$。

② $A_3=B_3,A_2=0,B_2=1$。

③ $A_3=B_3,A_2=B_2,A_1=0,B_1=1$。

④ $A_3=B_3,A_2=B_2,A_1=B_1,A_0=0,B_0=1$。

⑤ $A_3=B_3,A_2=B_2,A_1=B_1,A_0=B_0,I_{(A<B)}=1$。

（3）A＝B 时的情况：只有在 $A_3=B_3,A_2=B_2,A_1=B_1,A_0=B_0,I_{(A=B)}=1$ 时，A 和 B 才相等。

由上面的分析，可以得到函数的逻辑表达式如下。

$$F_{(A>B)}=A_3\,\overline{B_3}+\overline{A_3\oplus B_3}A_2\,\overline{B_2}+\overline{(A_3\oplus B_3)}(A_2\oplus B_2)A_1\,\overline{B_1}$$
$$+\overline{(A_3\oplus B_3)}\,\overline{(A_2\oplus B_2)}\,\overline{(A_1\oplus B_1)}A_0\,\overline{B_0}+\overline{(A_3\oplus B_3)}\,\overline{(A_2\oplus B_2)}\,\overline{(A_1\oplus B_1)}\,\overline{(A_0\oplus B_0)}I_{(A>B)}$$
$$F_{(A<B)}=\overline{A_3}B_3+\overline{A_3\oplus B_3}\,\overline{A_2}B_2+\overline{(A_3\oplus B_3)}\,\overline{(A_2\oplus B_2)}\,\overline{A_1}B_1+\overline{(A_3\oplus B_3)}\,\overline{(A_2\oplus B_2)}$$

$$(\overline{A_1 \oplus B_1})\overline{A_0}B_0 + (\overline{A_3 \oplus B_3})(\overline{A_2 \oplus B_2})(\overline{A_1 \oplus B_1})(\overline{A_0 \oplus B_0})I_{(A<B)}$$

$$F_{(A=B)} = (\overline{A_3 \oplus B_3})(\overline{A_2 \oplus B_2})(\overline{A_1 \oplus B_1})\overline{A_0}B_0 + (\overline{A_3 \oplus B_3})(\overline{A_2 \oplus B_2})(\overline{A_1 \oplus B_1})(\overline{A_0 \oplus B_0})I_{(A=B)}$$

由上，可得 74LS85 的功能表如表 4-11 所示。

表 4-11　74LS85 的功能表

比 较 输 入				级 联 输 入			输　　出		
$A_3 B_3$	$A_2 B_2$	$A_1 B_1$	$A_0 B_0$	$I_{(A>B)}$	$I_{(A<B)}$	$I_{(A=B)}$	$Y_{(A>B)}$	$Y_{(A<B)}$	$Y_{(A=B)}$
$A_3 > B_3$	$\times\times$	$\times\times$	$\times\times$	$\times$	$\times$	$\times$	1	0	0
$A_3 < B_3$	$\times\times$	$\times\times$	$\times\times$	$\times$	$\times$	$\times$	0	1	0
$A_3 = B_3$	$A_2 > B_2$	$\times\times$	$\times\times$	$\times$	$\times$	$\times$	1	0	0
$A_3 = B_3$	$A_2 < B_2$	$\times\times$	$\times\times$	$\times$	$\times$	$\times$	0	1	0
$A_3 = B_3$	$A_2 = B_2$	$A_1 > B_1$	$\times\times$	$\times$	$\times$	$\times$	1	0	0
$A_3 = B_3$	$A_2 = B_2$	$A_1 < B_1$	$\times\times$	$\times$	$\times$	$\times$	0	1	0
$A_3 = B_3$	$A_2 = B_2$	$A_1 = B_1$	$A_0 > B_0$	$\times$	$\times$	$\times$	1	0	0
$A_3 = B_3$	$A_2 = B_2$	$A_1 = B_1$	$A_0 < B_0$	$\times$	$\times$	$\times$	0	1	0
$A_3 = B_3$	$A_2 = B_2$	$A_1 = B_1$	$A_0 = B_0$	1	0	0	1	0	0
$A_3 = B_3$	$A_2 = B_2$	$A_1 = B_1$	$A_0 = B_0$	0	1	0	0	1	0
$A_3 = B_3$	$A_2 = B_2$	$A_1 = B_1$	$A_0 = B_0$	0	0	1	0	0	1

74LS85 的接线图如图 4-23 所示。

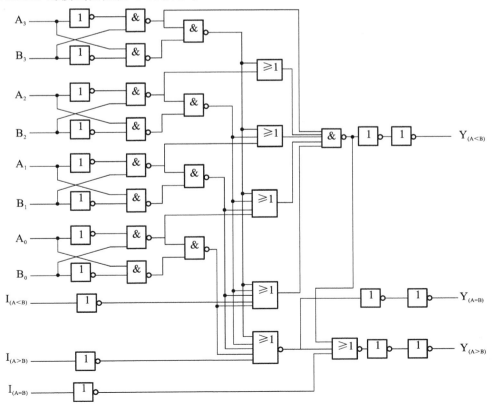

图 4-23　74LS85 的接线图

3. 数值比较器的位数扩展

数值比较器的位数扩展方式有串联和并联两种方式。

图 4-24 所示的是由两个 4 位数值比较器串联而成的一个 8 位数值比较器。

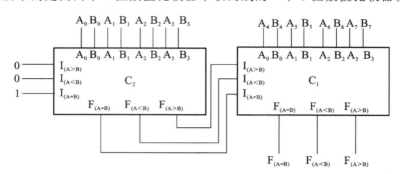

图 4-24　8 位数值比较器的接线图

我们知道,对于两个 8 位数,若高 4 位相同,它们的大小则由低 4 位的比较结果确定。因此,低 4 位的比较器结果应该作为高 4 位的条件。即低 4 位比较器的输出端应该分别与高 4 位比较器的 $I_{(A>B)}$,$I_{(A<B)}$,$I_{(A=B)}$ 端连接。

当位数较多且满足一定的速度要求时,可以采取并联方式。

图 4-25 所示的是 16 位并联数值比较器的原理图。

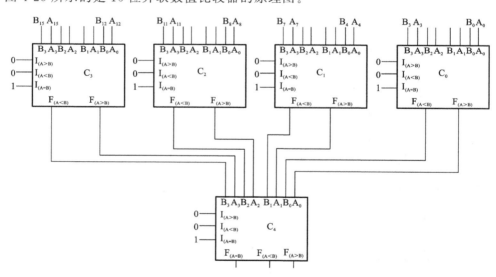

图 4-25　16 位并联数值比较器的原理图

由图 4-25 可以看出,其采用的是两级比较方法,将 16 位按高低位次序分成 4 组,每组 4 位,各组的比较是并行进行的。将每组的比较结果再经 4 位比较器进行比较后得出结果。显然,从数据输入到稳定输出只需要两倍的 4 位比较器延迟时间,若用串联方式,则 16 位的数值比较器从输入到稳定输出需要 4 倍的 4 位比较器的延迟时间。

【例 4-6】　试用数值比较器实现表 4-2 所示的逻辑功能。

【解】　由表 4-2 可以看出,当 ABCD＞0110 时,$F_3=1$;当 ABCD＜0110 时,$F_1=1$;当 ABCD＝0110 时,$F_2=1$。

由此,可以用如图 4-26 所示的四位数值比较器 74LS85 实现表 4-2 对应的函数逻辑图。

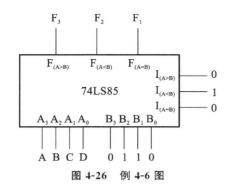

图 4-26 例 4-6 图

 ## 4.5 编码器

赋予选定的一系列二进制代码以特定含义的过程称为编码。如 8421BCD 码中,用 1000 表示数字 8;在 ASCII 中,用 1000001 表示字母 A 等。具有编码功能的逻辑电路是编码器。编码器的逻辑功能是能将每一个编码输入信号转换成为不同的二进制的代码输出。

4.5.1 二进制编码器

若输入信号的个数 N 与输出变量的位数 n 满足 $N=2^n$,则此电路称为二进制编码器。常用的二进制编码器有 4 线-2 线编码器、8 线-3 线编码器和 16 线-4 线编码器等。如图 4-27 所示为 8 线-3 线编码器的框图。图中,I_0、I_1、……、I_7 表示输入信号,A_2、A_1、A_0 表示输出信号。任何时刻只对其中一个输入信号进行编码,即输入的信号是互相排斥的。假设输入高电平有效,则任何时刻只允许一个输入端为 1,其余均为 0。

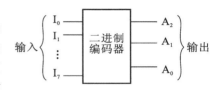

图 4-27 8 线-3 线编码器框图

则 8 线-3 线编码器的输出逻辑表达式如下。

$$A_2 = I_4 + I_5 + I_6 + I_7 = \overline{\overline{I_4}\ \overline{I_5}\ \overline{I_6}\ \overline{I_7}}$$
$$A_1 = I_2 + I_3 + I_6 + I_7 = \overline{\overline{I_2}\ \overline{I_3}\ \overline{I_6}\ \overline{I_7}}$$
$$A_0 = I_1 + I_3 + I_5 + I_7 = \overline{\overline{I_1}\ \overline{I_3}\ \overline{I_5}\ \overline{I_7}}$$

8 线-3 线编码器的真值表见表 4-12。

表 4-12 8 线-3 线编码器真值表

输 入								输 出		
I_0	I_1	I_2	I_3	I_4	I_5	I_6	I_7	A_2	A_1	A_0
1	0	0	0	0	0	0	0	0	0	0
0	1	0	0	0	0	0	0	0	0	1
0	0	1	0	0	0	0	0	0	1	0
0	0	0	1	0	0	0	0	0	1	1
0	0	0	0	1	0	0	0	1	0	0
0	0	0	0	0	1	0	0	1	0	1
0	0	0	0	0	0	1	0	1	1	0
0	0	0	0	0	0	0	1	1	1	1

8 线-3 线编码器的逻辑电路如图 4-28 所示。

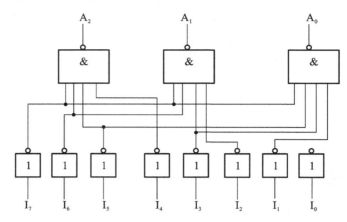

图 4-28　8 线-3 线编码器逻辑电路

【例 4-7】　试根据表 4-12 所示的 8 线-3 线编码器真值表,设计 8 线-3 线二进制编码器。

【解】　首先根据真值表求 A_2 的表达式。观察 A_2 为 1 时的每一行输入的取值,可以发现当 $I_4=1$,或 $I_5=1$,或 $I_6=1$,或 $I_7=1$,即只要其中有一个为 1,输出 A_2 就为 1,这显然是"或"逻辑关系。

故
$$A_2 = I_4 + I_5 + I_6 + I_7 = \overline{\overline{D_4} \cdot \overline{D_5} \cdot \overline{D_6} \cdot \overline{D_7}}$$

可得
$$A_1 = \overline{\overline{D_2} \cdot \overline{D_3} \cdot \overline{D_6} \cdot \overline{D_7}}$$
$$A_0 = \overline{\overline{D_1} \cdot \overline{D_3} \cdot \overline{D_5} \cdot \overline{D_7}}$$

根据表达式,可画出逻辑图如图 4-28 所示。

4.5.2　二-十进制编码器

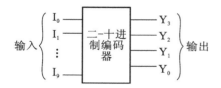

图 4-29　二-十进制编码器框图

二-十进制编码器是指用 4 位二进制代码表示 1 位十进制数(0～9)的编码电路,也称 10 线-4 线编码器。它有 10 个信号输入端和 4 个输出端,如图 4-29 所示。

10 线-4 线集成优先编码器的常见型号为 54/74147、54/74LS147。现以集成 8421BCD 码优先编码器 74LS147 为例介绍二-十进制编码器。如图 4-30 所示为 74LS147 的引脚排列图及逻辑符号,表 4-13 为其功能真值表。

表 4-13　74LS147 优先编码器真值表

输　　入									输　　出			
$\overline{I_9}$	$\overline{I_8}$	$\overline{I_7}$	$\overline{I_6}$	$\overline{I_5}$	$\overline{I_4}$	$\overline{I_3}$	$\overline{I_2}$	$\overline{I_1}$	$\overline{Y_3}$	$\overline{Y_2}$	$\overline{Y_1}$	$\overline{Y_0}$
1	1	1	1	1	1	1	1	1	1	1	1	1
0	×	×	×	×	×	×	×	×	0	1	1	0
1	0	×	×	×	×	×	×	×	0	1	1	1
1	1	0	×	×	×	×	×	×	1	0	0	0
1	1	1	0	×	×	×	×	×	1	0	0	1

输 入									输 出			
$\overline{I}_9$	$\overline{I}_8$	$\overline{I}_7$	$\overline{I}_6$	$\overline{I}_5$	$\overline{I}_4$	$\overline{I}_3$	$\overline{I}_2$	$\overline{I}_1$	$\overline{Y}_3$	$\overline{Y}_2$	$\overline{Y}_1$	$\overline{Y}_0$
1	1	1	1	0	×	×	×	×	1	0	1	0
1	1	1	1	1	0	×	×	×	1	0	1	1
1	1	1	1	1	1	0	×	×	1	1	0	0
1	1	1	1	1	1	1	0	×	1	1	0	1
1	1	1	1	1	1	1	1	0	1	1	1	0

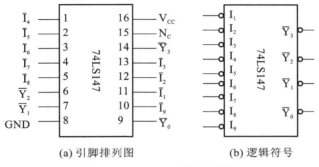

(a) 引脚排列图　　　　(b) 逻辑符号

图 4-30　74LS147 优先编码器

由真值表可知,74LS147 编码器由一组 4 位二进制代码表示 1 位十进制数。编码器有 9 个输入端 $\overline{I}_1 \sim \overline{I}_9$,低电平有效。其中,$\overline{I}_9$ 的优先级别最高,$\overline{I}_1$ 的优先级别最低。4 个输出端 $\overline{Y}_3$、$\overline{Y}_2$、$\overline{Y}_1$、$\overline{Y}_0$ 中,$\overline{Y}_3$ 为最高位,$\overline{Y}_0$ 为最低位,反码输出。

当无信号输入时,9 个输入端都为 1,则 $\overline{Y}_3\overline{Y}_2\overline{Y}_1\overline{Y}_0$ 输出反码 1111,即原码为 0000,表示输入十进制数是 0。当有信号输入时,根据输入信号的优先级别,输出级别最高信号的编码。例如,当 $\overline{I}_9$、$\overline{I}_8$、$\overline{I}_7$ 为 1,$\overline{I}_6$ 为 0,其余信号为任意值时,只对 $\overline{I}_6$ 进行编码,输出 $\overline{Y}_3\overline{Y}_2\overline{Y}_1\overline{Y}_0$ 为 1001。其余状态依此类推。

 ## 4.6　译码器

译码是指对具有特定含义的二进制码进行识别,并转换为相应控制信号的过程。译码是编码的反过程。能实现译码的电路称为译码器。译码器可以分为以下 3 类:二进制译码器、二-十进制译码器、七段数码显示译码器。

4.6.1　二进制译码器

二进制译码器的输入为 N 位二进制代码,输出为 2^N 个,每个输出仅包含一个最小项。如图 4-31 所示的是 3 位二进制译码器的方框图。

输入为 3 位二进制代码时,对应有 8 种状态,8 个输出端分别对应其中的一种输入状态。因此,又把 3 位二进制译码器称为 3 线-8 线译码器。

74LS138 是一种 3 线-8 线集成电路译码器。其含有 3 个译码输入端(又称地址输入端)A_2、A_1、A_0,8 个译码输出端 $\overline{Y}_0 \sim$

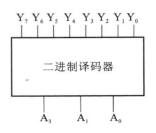

图 4-31　3 位二进制译码器

$\overline{Y}_7$,以及 3 个控制端(又称使能端)S_1、$\overline{S}_2$、$\overline{S}_3$。

S_1、$\overline{S}_2$、$\overline{S}_3$ 是译码器的控制输入端,当 $S_1=1$ 且 $\overline{S}_2+\overline{S}_3=0$(即 $S_1=1$,$\overline{S}_2$、$\overline{S}_3$ 均为 0)时,G_S 输出为高电平,译码器处于工作状态。否则,译码器被禁止,所有的输出端被封锁在高电平。

$$S=S_1 \cdot \overline{S}_2 \cdot \overline{S}_3$$

当译码器处于工作状态时,每输入一个二进制代码将使对应的一个输出端为低电平,而其他输出端均为高电平。此时,也可以说对应的输出端被"译中"。

74LS138 的输出端被"译中"时为低电平,所以其逻辑符号中每一个输出端 $\overline{Y}_0 \sim \overline{Y}_7$ 上方均有"—"符号,即

$$\overline{Y_i}=\overline{S \cdot m_i} \quad (i=0,1,2,\cdots,7)$$

74LS138 的真值表如表 4-14 所示。

表 4-14　74LS138 真值表

输　　　入					输　　　出							
S_1	$\overline{S}_2+\overline{S}_3$	A_2	A_1	A_0	$\overline{Y}_0$	$\overline{Y}_1$	$\overline{Y}_2$	$\overline{Y}_3$	$\overline{Y}_4$	$\overline{Y}_5$	$\overline{Y}_6$	$\overline{Y}_7$
0	$\times$	$\times$	$\times$	$\times$	1	1	1	1	1	1	1	1
$\times$	1	$\times$	$\times$	$\times$	1	1	1	1	1	1	1	1
1	0	0	0	0	0	1	1	1	1	1	1	1
1	0	0	0	1	1	0	1	1	1	1	1	1
1	0	0	1	0	1	1	0	1	1	1	1	1
1	0	0	1	1	1	1	1	0	1	1	1	1
1	0	1	0	0	1	1	1	1	0	1	1	1
1	0	1	0	1	1	1	1	1	1	0	1	1
1	0	1	1	0	1	1	1	1	1	1	0	1
1	0	1	1	1	0	1	1	1	1	1	1	0

74LS138 的接线图和逻辑符号如图 4-32 所示。

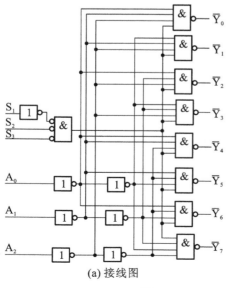

(a) 接线图

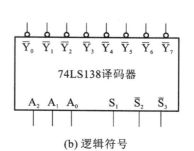

(b) 逻辑符号

图 4-32　74LS138 接线图及逻辑符号

4.6.2　二-十进制译码器

二-十进制译码器的逻辑功能是将输入的 BCD 码译成 10 个输出信号（输出低电平有效）。常用的二-十进制译码器有 74LS42 等，74LS42 的逻辑符号如图 4-33 所示。

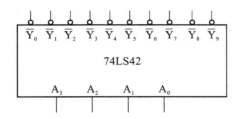

图 4-33　二-十进制译码器 74LS42 的逻辑符号

74LS42 的真值表见表 4-15。

表 4-15　二-十进制译码器 74LS42 的真值表

输	入			输				出					
A_3	A_2	A_1	A_0	$\overline{Y}_0$	$\overline{Y}_1$	$\overline{Y}_2$	$\overline{Y}_3$	$\overline{Y}_4$	$\overline{Y}_5$	$\overline{Y}_6$	$\overline{Y}_7$	$\overline{Y}_8$	$\overline{Y}_9$
0	0	0	0	0	1	1	1	1	1	1	1	1	1
0	0	0	1	1	0	1	1	1	1	1	1	1	1
0	0	1	0	1	1	0	1	1	1	1	1	1	1
0	0	1	1	1	1	1	0	1	1	1	1	1	1
0	1	0	0	1	1	1	1	0	1	1	1	1	1
0	1	0	1	1	1	1	1	1	0	1	1	1	1
0	1	1	0	1	1	1	1	1	1	0	1	1	1
0	1	1	1	1	1	1	1	1	1	1	0	1	1
1	0	0	0	1	1	1	1	1	1	1	1	0	1
1	0	0	1	1	1	1	1	1	1	1	1	1	0
1	0	1	0	1	1	1	1	1	1	1	1	1	1
1	0	1	1	1	1	1	1	1	1	1	1	1	1
1	1	0	0	1	1	1	1	1	1	1	1	1	1
1	1	0	1	1	1	1	1	1	1	1	1	1	1
1	1	1	0	1	1	1	1	1	1	1	1	1	1
1	1	1	1	1	1	1	1	1	1	1	1	1	1

74LS42 的逻辑图如图 4-34 所示。

4.6.3　显示译码器

在数字系统中，经常需要把测量或运算结果用十进制数码直观地显示出来。实现这种功能的逻辑电路称为数码显示器。数码显示器可以分为半导体显示器、液晶数字显示器、荧光数码显示器、气体放电显示器等。

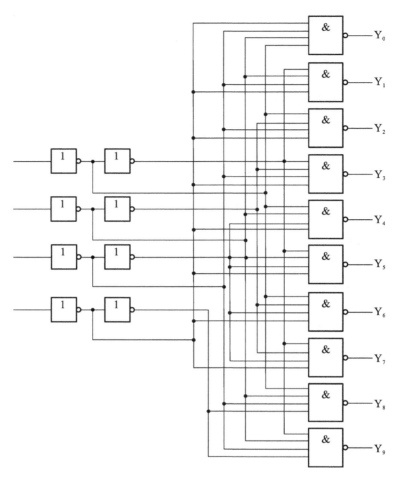

图 4-34 二-十进制译码器 74LS42 的逻辑图

【例 4-8】 采用输入为 8421BCD 码,输出为 a,b,…,g 的方法来驱动如图 4-35 所示的七段显示器,设计电路使得显示器显示与 8421BCD 相对应的十进制数。

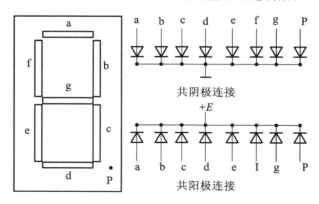

图 4-35 七段字符显示器

【解】 利用七段显示译码器 74LS48 来完成译码功能,其真值表见表 4-16,电路连接如图 4-36 所示。

表 4-16　七段显示器的真值表

X_8	X_4	X_2	X_1	a	b	c	d	e	f	g
0	0	0	0	1	1	1	1	1	1	0
0	0	0	1	0	1	1	0	0	0	0
0	0	1	0	1	1	0	1	1	0	1
0	0	1	1	1	1	1	1	0	0	1
0	1	0	0	0	1	1	0	0	1	1
0	1	0	1	1	0	1	1	0	1	1
0	1	1	0	0	0	1	1	1	1	1
0	1	1	1	1	1	1	0	0	0	0
1	0	0	0	1	1	1	1	1	1	1
1	0	0	1	1	1	1	0	0	1	1
1	0	1	0							
1	0	1	1							
1	1	0	0				无关项			
1	1	0	1							
1	1	1	0							
1	1	1	1							

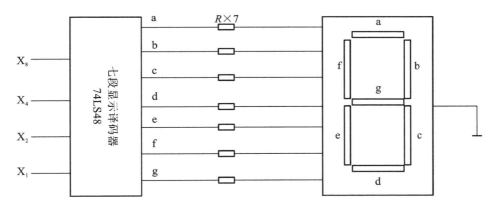

图 4-36　七段显示译码器的设计

4.6.4　译码器的应用

1．用译码器设计组合逻辑电路

用译码器设计组合逻辑电路时可以采用如下方法实现。

（1）首先将被实现的函数变成以最小项表示的与或表达式，并将被实现函数的变量连接到译码器的代码输入端。

（2）当译码器的输出端为高电平有效时，选用或门；当输出端为低电平有效时，选用与非门。

（3）将译码器输出与逻辑函数 F 所具有的最小项相对应的所有输出端连接到一个或门（或者与非门）的输入端，则或门（或者与非门）的输出就是最终实现的逻辑函数。

【例 4-9】　利用 74LS138 及一些门电路，设计一个多路输出的组合逻辑电路。其输出的逻辑表达式如下。

$$F_1 = A\overline{C}, \quad F_2 = BC + \overline{A}\,\overline{B}C, \quad F_3 = \overline{A}B + A\overline{B}C, \quad F_4 = ABC$$

【解】 首先将函数转换为最小项标准表达式,具体如下。

$$F_1 = \sum m(4,6)$$

$$F_2 = \sum m(1,3,7)$$

$$F_3 = \sum m(2,3,5)$$

$$F_4 = \sum m(7)$$

由于 74LS138 的输出为低电平有效,故应该选择与非门作输出门。将逻辑函数的变量 A、B、C 分别加到 74LS138 译码器的输入端 A_2、A_1、A_0,并将译码器的输出端与逻辑函数 F_1、F_2、F_3、F_4 中分别具有的最小项相对应的所有输出端连接到一个与非门的输入端,则各个与非门的输出就可以实现逻辑函数 F_1、F_2、F_3、F_4。用 74LS138 译码器实现逻辑函数的逻辑图如图 4-37 所示。

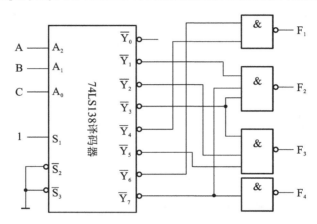

图 4-37 74LS138 译码器实现逻辑函数的逻辑图

2. 译码器的扩展应用

将 2 片 3 线-8 线译码器 74LS138 扩展成为 4 线-16 线译码器,如图 4-38 所示。

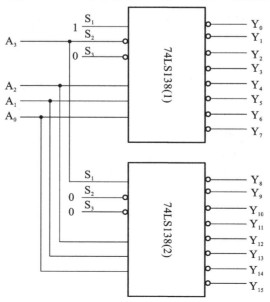

图 4-38 4 线-16 线译码器逻辑图

【**例 4-10**】 将译码器作为逻辑函数发生器,设计其组合逻辑电路,其输出函数如下。

$$F(ABC) = \sum m(0,2,4,7)$$

【**解**】

$$F = m_0 + m_2 + m_4 + m_7 = \overline{\overline{m_0\, m_2\, m_4\, m_7}}$$

由 $Y_i = \overline{S_1\ \overline{S_2}\ \overline{S_3}\, m_i}$,得 $F = \overline{Y_0\, Y_2\, Y_4\, Y_7}$。

该函数的实现逻辑图如图 4-39 所示。

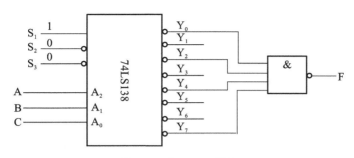

图 4-39　例 4-8 逻辑图

习　题　4

1. 在图 4-40 所示的电路中,试求电路的输出 F 的逻辑函数表达式,化简并列出逻辑状态表,分析其逻辑功能,并改用与非门实现。

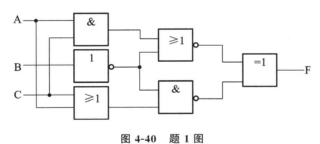

图 4-40　题 1 图

2. 分析图 4-41 中电路的逻辑功能,写出 Y_1、Y_2 的逻辑表达式,列出真值表,并指出电路用于完成什么逻辑功能。

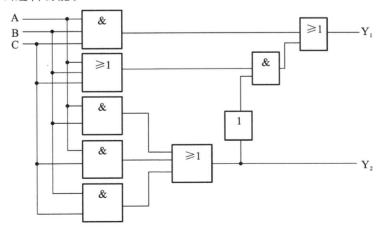

图 4-41　题 2 图

3. 试画出 3 线-8 线译码器 74LS138 和门电路产生如下多输出逻辑函数的逻辑图。

$$\begin{cases} Y_1 = AC \\ Y_2 = \overline{A}BC + A\overline{B}\,\overline{C} + BC \\ Y_3 = \overline{B}\,\overline{C} + AB\overline{C} \end{cases}$$

4. 某汽车驾驶员培训班进行结业考试,有三名评判员,其中 A 为主评判员,B、C 为副评判员。在评判时,遵循少数服从多数的原则;但若主评判员认为合格,也可通过。试用与非门构成逻辑电路以实现此评判规定。

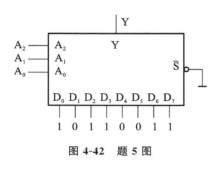

图 4-42 题 5 图

5. 分析图 4-42 所示的电路:(1)试写出 8 选 1 数据选择器的输出函数式;(2)画出 A_2、A_1、A_0 从 000~111 连续变化时,Y 的波形图;(3)说明电路的逻辑功能。

6. 试设计组合逻辑电路,有四个输入和一个输出,当输入全为 1,或输入全为 0,或者输入为奇数个 1 时,输出为 1。请列出真值表,写出最简与或表达式并画出逻辑图。

7. 试设计组合逻辑电路,把四位二进制码转换为 8421BCD 码,写出表达式,画出逻辑图。

8. 试设计一位二进制数减法器,包括向低位的借位和向高位的借位,画出逻辑图。

9. 试设计组合逻辑电路,输入为两个二位的二进制数,输出为两数的乘积,画出逻辑图。

10. 试设计组合逻辑电路,当输入四位二进制数大于 0010 而小于等于 0111 时,输出为 1,画出逻辑图。

习题 4 答案

1.【解】 (1) 逻辑表达式如下。

$$F_1 = \overline{AC + \overline{B}}, \quad F_2 = \overline{(A+C)\overline{B}}$$

$$F = F_1 \oplus F_2 = \overline{\overline{AC + \overline{B}} \cdot (A+C) \cdot \overline{B}} + (AC + \overline{B})\overline{(A+C) \cdot \overline{B}}$$

$$F = ABC + \overline{A}\,\overline{B}\,\overline{C}$$

(2) 其真值表如下。

A	B	C	F
0	0	0	1
0	0	1	0
0	1	0	0
0	1	1	0
1	0	0	0
1	0	1	0

A	B	C	F
1	1	0	0
1	1	1	1

（3）用与非门实现的逻辑函数表达式如下。

$$F=\overline{\overline{ABC}\cdot\overline{\overline{A}\ \overline{B}\ \overline{C}}}$$

其逻辑图如下。

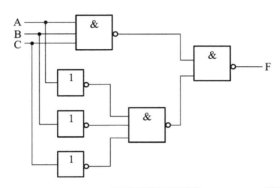

2.【解】 $Y_1=ABC+(A+B+C)\cdot\overline{\overline{AB}+\overline{AC}+\overline{BC}}=ABC+A\overline{B}\overline{C}+\overline{A}B\ \overline{C}+\overline{A}\ \overline{B}C$

$$Y_2=AB+BC+AC$$

由真值表可知，这是一个全加器电路。其中，A、B、C 为加数、被加数和来自低位的进位，Y_1 是和，Y_2 是进位输出。其真值表如下。

A	B	C	Y_1	Y_2
0	0	0	0	0
0	0	1	1	0
0	1	0	1	0
0	1	1	0	1
1	0	0	1	0
1	0	1	0	1
1	1	0	0	1
1	1	1	1	1

3.【解】 $$Y_1=AC=A\overline{B}C+ABC=\overline{\overline{Y_5}\ \overline{Y_7}}$$

$$Y_2=\overline{A}BC+A\overline{B}\overline{C}+BC=\overline{A}\ \overline{B}C+\overline{A}BC+AB\overline{C}+ABC=\overline{\overline{Y_1}\ \overline{Y_3}\ \overline{Y_4}\ \overline{Y_7}}$$

$$Y_3=\overline{A}\ \overline{B}\ \overline{C}+A\overline{B}\ \overline{C}+AB\ \overline{C}=\overline{\overline{Y_0}\ \overline{Y_4}\ \overline{Y_6}}$$

其逻辑图如下图所示。

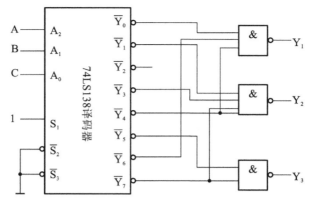

4.【解】 设 A、B、C 为输入端,合格时为 1;F 为输出端,通过时为 1。其真值表如下。

A	B	C	F
0	0	0	0
0	0	1	0
0	1	0	0
0	1	1	1
1	0	0	1
1	0	1	1
1	1	0	1
1	1	1	1

故其逻辑表达式为: $$F = A + BC = \overline{\overline{A} \cdot \overline{BC}}$$

其逻辑图如下图所示。

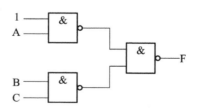

5.【解】 (1) $$Y = \sum_{0}^{7} m_i D_i$$

$$= D_0 \overline{A_2} \overline{A_1} \overline{A_0} + D_1 \overline{A_2} \overline{A_1} A_0 + D_2 \overline{A_2} A_1 \overline{A_0} + D_3 \overline{A_2} A_1 A_0 + D_4 A_2 \overline{A_1} \overline{A_0}$$

$$+ D_5 A_2 \overline{A_1} A_0 + D_6 A_2 A_1 \overline{A_0} + D_7 A_2 A_1 A_0$$

(2) 波形图如下。

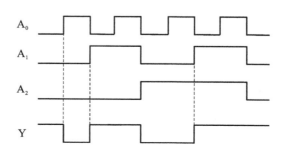

（3）该电路为序列脉冲发生器，当 $A_2 A_1 A_0$ 从 $000 \sim 111$ 连续变化时，Y 端输出连续脉冲 10110011。

6.【解】 提示：$F = \overline{A}\,\overline{B}\,\overline{C} + \overline{A}\,\overline{B}\,D + \overline{A}\,C\,\overline{D} + ABD + ABC + BCD + ACD + \overline{B}\,\overline{C}\,\overline{D}$

7.【解】 提示：$B_0 = D_0$，$B_1 = \overline{D_3} D_1 + D_3 D_2\,\overline{D_1}$，$B_2 = \overline{D_3} D_2 + D_2 D_1$，$B_3 = D_3\,\overline{D_2}\,\overline{D_1}$，$B_4 = D_3 D_2 + D_3 D_1$。

8.【解】 提示：差 $D_i = \overline{A}_i\,\overline{B}_i C_i + \overline{A}_i B_i C_i + A_i\,\overline{B}_i\,\overline{C}_i + A_i B_i C_i = A_i \oplus B_i \oplus C_i$。

高位借位 $C_{i+1} = \overline{A}_i B_i + \overline{A}_i C_i + B_i C_i = \overline{A}_i (B_i \oplus C_i) + B_i C_i$（$C_i$ 低位借位）。

9.【解】 提示：$P_3 = A_1 A_0 B_1 B_0$，$P_2 = A_1 B_1 \overline{B}_0 + A_1 \overline{A}_0 B_1$，$P_1 = \overline{A}_1 A_0 B_1 + A_0 B_1 \overline{B}_0 + A_1 \overline{B}_1 B_0 + A_1 \overline{A}_0 B_0$，$P_0 = A_0 B_0$。

10.【解】 提示：$F = \overline{D}_3 D_2 + \overline{D}_3 D_1 D_0$。

第 5 章 时序逻辑电路

　　在数字电路中,时序逻辑电路是指电路任何时刻的稳态输出不仅取决于当前的输入,还与前一时刻输入形成的状态有关。这与组合逻辑电路的情况正好相反,组合逻辑电路的输出只与当前的输入成一种函数关系。换句话说,时序逻辑电路拥有储存元件(内存)来存储信息,而组合逻辑电路则没有。时序逻辑电路主要具有以下主要特征。

　　(1) 时序逻辑电路由组合逻辑电路和存储电路组成。

　　(2) 时序逻辑电路的状态与时间因素相关,即时序电路在任一时刻的状态变量不仅是当前输入信号的函数,而且还是电路以前状态的函数,时序逻辑电路的输出信号由输入信号和电路的状态共同决定。

　　本章要求理解时序逻辑电路的分析与设计方法,重点掌握触发器、计数器、寄存器、脉冲发生器的基本原理和应用。

5.1 概述

　　逻辑电路分为两大类:组合逻辑电路和时序逻辑电路。在上一章中已经学习了组合逻辑电路的相关知识,本章将对时序逻辑电路进行介绍。在数字电路中,时序逻辑电路是指电路任何时刻的稳态输出不仅取决于当前的输入,还与前一时刻输入形成的状态有关。由于电路结构和工作特点的不同,时序逻辑电路的描述、分析和设计方法与组合逻辑电路有着明显的不同。

5.1.1 时序逻辑电路的一般描述

　　在电路结构上,时序逻辑电路与组合逻辑电路的区别主要在于:时序逻辑电路中包含有存储器件(如触发器或锁存器等),而组合逻辑电路中不包含有存储器件。因为时序逻辑电路包含有存储器件,所以电路具有"记忆"功能,能对电路过去的输入信号留下"记忆",而这种"记忆"是通过电路的状态来表示的。状态是时序逻辑电路的重要概念,它是分析和设计时序逻辑电路的主要逻辑变量,所以时序逻辑电路通常又称为状态机(state machine)。

　　时序逻辑电路一般采用逻辑方程组、状态转换表、状态转换图和时序图进行逻辑分析和设计,下面简单介绍一下现态、次态、逻辑方程组、状态转换表、状态转换图和时序图等概念。

　　(1) 现态:指某一触发器或某一组触发器在某一时刻其输出端的状态,也称为原态,或者称为当前状态。通常在触发器特征方程和状态方程中触发器的现态用 Q^n 表示,其他情况下用 Q 表示。一般情况下,若无特殊说明,通常所说的状态都是指现态。

　　(2) 次态:指某一触发器或某一组触发器在一定的输入条件下,当触发时钟脉冲有效时,将由原来的状态(也即现态)向一个新的状态转变的状态,有时也称为下一状态,通常用 Q^{n+1} 表示。

　　(3) 逻辑方程组:在时序逻辑电路的分析和设计中,要全面描述一个时序电路,需要如下三个逻辑方程。

　　① 激励方程 G　指输入变量 X 和状态变量 S 的函数,即触发器输入方程。

② 状态方程 S　指激励变量 G 和状态变量 S 的函数,即将激励方程代入触发器特征方程后得到的方程。

③ 输出方程 W　指状态变量 S 和系统输入变量 X 的函数(Mealy 机);若是 Moore 机,则它仅是状态变量 S 的函数。

（4）状态转换表:在组合逻辑电路的分析和设计中,采用真值表描述输入变量全部取值组合与输出变量取值一一对应的关系。类似的,在时序逻辑电路中也采用表格的形式来进行逻辑描述,这种表格称为状态转换表。所不同的是状态转换表描述的是输入和现态取值与次态和输出取值一一对应的关系。

（5）状态转换图:指状态转换表的图形表示形式,它使时序逻辑电路状态之间的转换表现得更加直观和清晰。

（6）时序图:指按照时钟脉冲作用的顺序,以时序波形的形式分析逻辑电路,它可以更清楚地描述时序逻辑电路的逻辑功能,并常用于 EDA 仿真中。

时序逻辑电路根据其某时刻的输出是否取决于该时刻的输入,而将时序电路分为 Mealy 机和 Moore 机;或者根据是否由一个公共时钟脉冲对每个触发器进行同步触发,而将时序逻辑电路分为同步时序逻辑电路和异步时序逻辑电路。

5.1.2　Mealy 机和 Moore 机

系统的输出不但与系统的状态有关,而且还与系统的输入有关,这样的时序逻辑电路称为 Mealy 电路,也称为 Mealy 机,其结构框图如图 5-1 所示。

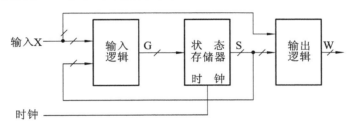

图 5-1　Mealy 机结构框图

如果时序逻辑电路某时刻的输出仅由系统当时的状态决定,而与系统当时的输入无关,那么这类时序逻辑电路称为 Moore 电路,也称为 Moore 机。如图 5-2 所示为 Moore 机的结构框图。

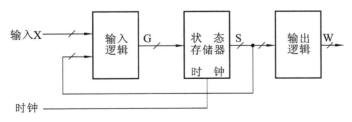

图 5-2　Moore 机结构框图

通过对图 5-1 和图 5-2 进行比较,可以看出 Mealy 机和 Moore 机唯一的区别就是输出产生的方式不同。一般来说,解决实际问题,既可以使用 Mealy 机,也可以使用 Moore 机。但是对于要求高速传输的场合,一般多采用 Moore 机。

5.1.3　同步时序逻辑电路和异步时序逻辑电路

时序逻辑电路根据存储器件的状态变化是否同时发生,或者各存储器件是否由一个公

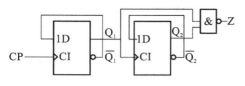

图 5-3　异步时序逻辑电路

共的时钟脉冲进行触发,而划分为同步时钟逻辑电路和异步时钟逻辑电路两大类。

　　如果一个时序电路中的各存储器件均由一个系统时钟同步触发并发生状态转变,那么这个电路就是同步时序逻辑电路,简称同步时序电路。

　　如果一个时序电路中的各存储器件不是由一个系统时钟进行同步触发,即这些存储器件状态的转变不是在同一时刻发生的,那么这个电路就是异步时序逻辑电路,简称异步时序电路。例如,图 5-3 所示的电路就是异步时序逻辑电路。在这个电路中,状态为 Q_1 的触发器的时钟端接外输入时钟脉冲,而状态为 Q_2 的触发器的时钟端却连接在前一个触发器的状态输出端。可见这个电路中的两个触发器的状态转变不在同一时刻,也不是由一个时钟进行触发,因此这个电路是异步时序电路。

5.2　触发器

　　在数字系统中,为了构造实现各种功能的逻辑电路,除了需要实现逻辑运算的逻辑门之外,还需要有能够保存信息的逻辑器件。触发器是一种具有记忆功能的电子器件,它具有如下的特点。

　　(1) 触发器有两个互补的输出端 Q 和 $\overline{Q}$。

　　(2) 触发器有两个稳定的状态。输出端 $Q=1$、$\overline{Q}=0$ 称为"1"状态;$Q=0$、$\overline{Q}=1$ 称为"0"状态。当输入信号不发生变化时,触发器的状态稳定不变。

　　(3) 在一定输入信号的作用下,触发器可以从一个稳定状态转移到另一个稳定状态,输入信号撤销后,保持新的状态不变。通常把输入信号之前的状态称为"现态",记作 Q^n 和 $\overline{Q}^n$。而把输入信号作用后的状态称为触发器的"次态",记作 Q^{n+1} 和 $\overline{Q}^{n+1}$。为了简单起见,一般省略现态的上标 n,就用 Q 和 $\overline{Q}$ 表示现态。显然,次态是现态和输入的函数。

　　由上述特点可知,触发器是存储一位二进制信息的理想器件。集成触发器的种类很多,分类方法也各不相同,按触发器的逻辑功能通常将其分为 RS 触发器、D 触发器、JK 触发器和 T 触发器 4 种不同类型。不管如何分类,就其结构而言,触发器都是由逻辑门加上适当的反馈线耦合而成。本节从实际应用出发,介绍几种常用的集成触发器的内部结构、工作特性和逻辑功能,重点讨论它们的逻辑功能及其描述方法。

　　本节首先将主要介绍触发器的逻辑功能和特性,为后面进行时序逻辑电路的分析和设计打下基础。

5.2.1　基本 RS 触发器

　　基本 RS 触发器又称为置 0 置 1 触发器,也称为基本 RS 锁存器,它是构成其他各种触发器的最基本单元。

1. 与非门构成的基本 RS 触发器

　　基本的 RS 触发器可由两个与非门交叉耦合构成,其逻辑电路和逻辑符号如图 5-4 所示。在图 5-4(a)中,Q 和 $\overline{Q}$ 为触发器的两个互补输出端,R 和 S 为触发器的两个输入端。其中,R 称为置 0 端或者复位端,S 称为置 1 端或者置位端;加在逻辑符号输入端的小圆圈表示低电平或负脉冲有效,即仅当低电平或负脉冲作用于输入端时,触发器状态才能发生变化(通常称为翻转),有时称这种情况为低电平触发或负脉冲触发。

　　1) 工作原理

　　根据与非门的逻辑特性,可分析出图 5-4(a)所示电路的工作原理如下。

（1）若 R＝1，S＝1，则触发器保持原来的状态不变。假定触发器原来处于 0 状态，即 Q＝0，$\overline{Q}$＝1。由于与非门 G_2 的输出 Q 为 0，反馈到与非门 G_1 的输入端，使 $\overline{Q}$ 保持 1 不变，$\overline{Q}$ 为 1 又反馈到与非门 G_2 的输入端，使 G_2 的两个输入端均为 1，从而维持输出 Q 为 0；假定触发器原来处于 1 状态，即 Q＝1，$\overline{Q}$＝0，那么，$\overline{Q}$ 为 0 反馈到与非门 G_2 的输入端，使 Q 保持 1 不变，此时与非门 G_1 的两个输入端均为 1，所以 $\overline{Q}$ 保持 0 不变。

（2）若 R＝1，S＝0，则触发器置为 1 状态。此时，无论触发器原来处于何种状态，因为 S 为 0，必然使与非门 G_2 的输出 Q 为 1，并且反馈到与非门 G_1 的输入端，由于与非门 G_1 的另一个输入端 R 也为 1，故使与非门 G_1 的输出 $\overline{Q}$ 为 0，触发器状态为 1 状态。该过程称为触发器置 1。

（3）若 R＝0，S＝1，则触发器置为 0 状态。与（2）的过程类似，不论触发器原来处于 0 状态还是 1 状态，因为 R 为 0，必然使与非门 G_1 的输出 $\overline{Q}$ 为 1，并且反馈到与非门 G_2 的输入端，由于与非门 G_2 的另一个输入端 S 也为 1，故使与非门 G_2 的输出 Q 为 0，触发器状态为 0 状态。该过程称为触发器置 0。

（4）不允许出现 R＝0 且 S＝0 的情况，因为当 R 端和 S 端同时为 0 时，将使两个与非门的输出 Q 和 $\overline{Q}$ 均为 1，破坏了触发器两个输出端的状态应该互补的逻辑关系。此外，当这两个输入端的 0 信号被撤销时，触发器的状态将是不确定的，这取决于两个门电路的延时时间。若与非门 G_1 的延时大于与非门 G_2 的延时，则 Q 端先变为 0，使触发器处于 0 状态；反之，若与非门 G_2 的延时大于与非门 G_1 的延时，则 $\overline{Q}$ 端先变为 0，从而使触发器处于 1 状态。通常，两个门电路的延时时间是难以人为控制的，因而在将输入端的 0 信号同时撤去后触发器的状态将难以预测，这是不允许的。因此，规定 R 和 S 不能同时为 0。

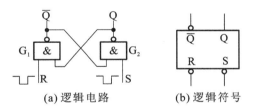

（a）逻辑电路　　　　　（b）逻辑符号

图 5-4　与非门构成的 RS 触发器的逻辑电路和逻辑符号

2）逻辑功能描述

触发器的逻辑功能通常用功能表、状态表、状态图、状态方程和激励表来等进行描述。

（1）功能表。

根据上述工作原理，可以归纳出由与非门构成的 RS 触发器的功能，如表 5-1 所示，表中"d"表示触发器的次态不确定。功能表描述了触发器次态 Q^{n+1} 与现态、输入之间的函数关系，所以又称为次态真值表。

表 5-1　与非门构成的 RS 触发器功能表

R	S	Q^{n+1}	功能说明
0	0	d	不定
0	1	0	置 0
1	0	1	置 1
1	1	Q	不变

（2）状态表。

状态表反映了触发器在输入作用下现态 Q 与次态 Q^{n+1} 之间的转换关系，又称为状态转换表，状态表描述了触发器的次态与现态、输入之间的取值关系。表 5-2 所示的是与非门构成的 RS 触发器的状态表。

表 5-2　与非门构成的 RS 触发器状态表

现态 Q	次态 Q^{n+1}			
	RS＝00	RS＝01	RS＝11	RS＝10
0	d	0	0	1
1	d	0	1	1

（3）状态图。

状态图是一种反映触发器两种状态之间转移关系的有向图，又称为状态转移图。基本 RS 触发器的状态图如图 5-5 所示。在图 5-5 中，两个圆圈分别代表触发器的两个稳定状态，箭头表示在输入信号作用下状态转移的方向，箭头旁边的标注表示状态转移的条件。

（4）状态方程。

触发器的功能也可以用反映次态 Q^{n+1} 与现态、输入之间的关系的逻辑函数表达式进行描述，这种描述触发器功能的逻辑函数表达式称为次态方程。根据表 5-2，可以画出描述该触发器次态 Q^{n+1} 与现态 Q 以及输入 R、S 之间函数关系的卡诺图，如图 5-6 所示。

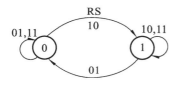

图 5-5　与非门构成的 RS 触发器状态图

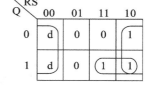

图 5-6　与非门构成的 RS 触发器次态卡诺图

利用 R、S 不允许同时为 0 的约束，化简后可得到该触发器的次态方程如下。

$$Q^{n+1}=\bar{S}+R \cdot Q$$

因为 R、S 不允许同时为 0，所以输入必须满足如下约束方程。

$$R+S=1$$

（5）激励表。

触发器的激励表反映了触发器从现态 Q 转移到某种次态 Q^{n+1} 时，对输入信号的要求。它将触发器的现态和次态作为自变量，而把触发器的输入（或激励）作为因变量。激励表可以由功能表导出，与非门构成的基本 RS 触发器的激励表如表 5-3 所示。

表 5-3　与非门构成的基本 RS 触发器的激励表

Q	→	Q^{n+1}	R	S
0		0	d	1
0		1	1	0
1		0	0	1
1		1	1	d

触发器的功能表、状态表、状态图、次态方程和激励表分别从不同角度对触发器的功能进行了描述,它们在时序逻辑电路中的分析和设计中各有其作用。例如,在时序逻辑电路分析时通常要用到激励表或次态方程等。

与非门构成的基本 RS 触发器有一个特点:当输入端 S 连续出现多个置 1 信号,或者输入端 R 连续出现多个清零信号时,仅第一个信号使触发器翻转,其工作波形图如图 5-7 所示。

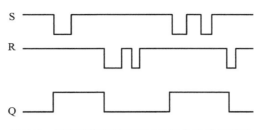

图 5-7   与非门构成的基本 RS 触发器的波形图

由波形图可知,当触发器的同一输入端连续出现多个负脉冲信号时,仅第一个负脉冲信号使触发器发生翻转,后面重复出现的负脉冲信号不起作用。

2. 或非门构成的基本 RS 触发器

基本 RS 触发器也可以用两个或非门交叉耦合组成,其逻辑电路和逻辑符号如图 5-8 所示。该电路的输入是正脉冲或高电平有效,故逻辑符号的输入端未加小圆圈。

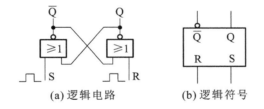

(a) 逻辑电路   (b) 逻辑符号

图 5-8   或非门构成的基本 RS 触发器的逻辑电路和逻辑符号

1) 工作原理

根据或非门的逻辑特性,可分析出图 5-8(a)所示电路的工作原理如下。

(1)若 R=0,S=0,则触发器保持原来的状态不变。

(2)若 R=0,S=1,则触发器置为 1 状态。

(3)若 R=1,S=0,则触发器置为 0 状态。

(4)不允许 R、S 同时为 1,因为当 R 和 S 端同时为 1 时,将破坏触发器正常功能的实现。

2) 逻辑功能的描述

根据电路工作原理,可以得出由或非门构成的基本 RS 触发器的功能表,如表 5-4 所示。

表 5-4   或非门构成的基本 RS 触发器的功能表

R	S	Q^{n+1}	功能说明
0	0	Q	不变
0	1	1	置1
1	0	0	置0
1	1	d	不定

或非门构成的基本 RS 触发器的次态方程和约束方程如下。

$$Q^{n+1}=S+\overline{R}Q \qquad (次态方程)$$
$$R \cdot S=0 \qquad (约束方程)$$

读者可自己分析得出该触发器的状态表、状态图和激励表。

基本 RS 触发器最大的优点是结构简单。它不仅可以作为记忆元件独立使用,而且由于它具有直接复位、置位功能,因而被作为各种性能更完善的触发器的基本组成部分。但由于基本 RS 触发器的输入端 R、S 之间存在约束条件,并且无法对其状态转换时刻进行统一的定时控制,所以它的使用范围受到一定的限制。

5.2.2 时钟控制触发器

由上面的讨论可知,基本 RS 触发器的一个特点是触发器的状态直接受输入信号 R、S 的控制,一旦输入信号发生变化,触发器的状态也随之发生变化。但在实际应用中,往往要求触发器按一定的时间节拍动作,即让输入信号的作用受时钟脉冲(CP)的控制,为此,在触发器的输入端增加了时钟控制信号,使触发器状态的变化由时钟脉冲和输入信号共同决定。具体来说,时钟脉冲用于确定触发器状态转换的时刻(何时转换),输入信号用于确定触发器状态转换的方向(如何转换)。这种具有时钟脉冲控制端的触发器称为时钟控制触发器,简称钟控触发器或者定时触发器。加入时钟控制信号后,通常把时钟脉冲(CP)作用前的状态称为触发器的"现态",而把时钟脉冲(CP)作用后的状态称为触发器的"次态"。

简单结构的钟控 RS 触发器、D 触发器、JK 触发器和 T 触发器均由 4 个与非门组成。

1. 钟控 RS 触发器

如图 5-9(a)所示的是钟控 RS 触发器的逻辑电路,其逻辑符号如图 5-9(b)所示。该触发器由 4 个与非门构成,上面的两个与非门 G_1、G_2 构成基本 RS 触发器;下面的两个与非门 G_3、G_4 组成控制电路,通常称为控制门。

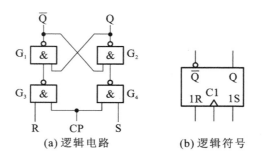

(a) 逻辑电路　　　　(b) 逻辑符号

图 5-9　钟控 RS 触发器的逻辑电路和逻辑符号

1) 工作原理

钟控 RS 触发器的工作原理如下。

(1) 当时钟脉冲 CP=0 时,控制门 G_3、G_4 被封锁。此时,不管 R、S 端的输入为何值,两个控制门的输出均为 1,触发器的状态保持不变。

(2) 当时钟脉冲 CP=1 时,控制门 G_3、G_4 被打开,这时输入端 R、S 的值可以通过控制门作用于上面的基本 RS 触发器。

① 当 R=0,S=0 时,控制门 G_3、G_4 的输出均为 1,触发器的状态保持不变。

② 当 R=0,S=1 时,控制门 G_3、G_4 的输出分别为 1 和 0,触发器的状态置为 1 状态。

③ 当 R＝1,S＝0 时,控制门 G_3、G_4 的输出分别为 0 和 1,触发器的状态置为 0 状态。

④ 当 R＝1,S＝1 时,控制门 G_3、G_4 的输出均为 0,触发器的状态不确定,这是不允许的。

由此可见,这种触发器的工作过程受时钟脉冲信号 CP 和输入信号 R、S 的共同作用。当时钟脉冲信号 CP 为低电平(CP＝0)时,触发器不接收输入信号,状态保持不变;当时钟脉冲信号 CP 为高电平(CP＝1)时,触发器接收输入信号,状态随输入信号发生转移。

2) 逻辑功能描述

由上述的工作原理可知,当时钟脉冲 CP＝1 时,钟控 RS 触发器的功能表、状态表分别如表 5-5 和表 5-6 所示。

表 5-5　钟控 RS 触发器的功能表

R	S	Q^{n+1}	功 能 说 明
0	0	Q	不变
0	1	1	置 1
1	0	0	置 0
1	1	d	不定

表 5-6　钟控 RS 触发器的状态表

现状 Q	次态 Q^{n+1}			
	RS＝00	RS＝01	RS＝11	RS＝10
0	0	1	d	0
1	1	1	d	0

表 5-5 和表 5-6 中,现态 Q 表示时钟脉冲 CP 作用前的状态,次态 Q^{n+1} 表示时钟脉冲 CP 作用后的状态。d 表示当 RS＝11 时,触发器的状态不确定。在钟控触发器中,时钟信号 CP 是一种固有的时间基准,通常不作为输入信号列入表中。对触发器功能进行描述时,均只考虑有时钟脉冲作用(CP＝1)时的情况。

根据表 5-6 所示的状态表,可得出钟控 RS 触发器的状态图和次态卡诺图,分别如图 5-10(a)和(b)所示。

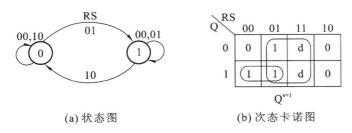

(a) 状态图　　　　　　(b) 次态卡诺图

图 5-10　钟控 RS 触发器的状态图和次态卡诺图

由图 5-10(b)所示的次态卡诺图,可以得出该触发器的次态方程和约束方程如下。

$$Q^{n+1}＝S＋\overline{R}Q \qquad \text{(次态方程)}$$
$$R \cdot S＝0 \qquad \text{(约束方程)}$$

钟控 RS 触发器的激励表如表 5-7 所示。

表 5-7　钟控 RS 触发器的激励表

Q	→	Q^{n+1}	R	S
0		0	d	0
0		1	0	1
1		0	1	0
1		1	0	d

　　该触发器的功能的描述形式与用或非门构成的 RS 触发器完全相同,但该触发器的工作过程是受时钟脉冲信号控制的,故仅当时钟脉冲 CP＝1 时,才能实现上述逻辑功能。此外,钟控 RS 触发器虽然解决了对触发器工作进行定时控制的问题,而且具有结构简单的优点,但输入信号依然存在约束条件,即 R、S 不能同时为 1。

2. 钟控 D 触发器

　　钟控 D 触发器只有一个输入端,其逻辑电路和逻辑符号如图 5-11 所示。钟控 D 触发器是对钟控 RS 触发器的控制电路稍加修改后得到的。修改后的控制电路除了实现对触发器工作的定时控制外,其另一个作用是在时钟脉冲作用期间(CP＝1 时),将输入信号 D 转换成一对互补信号送至基本 RS 触发器的两个输入端,使基本 RS 触发器的两个输入信号只能为"01"或者"10"两种取值,从而消除了触发器状态不确定的现象。

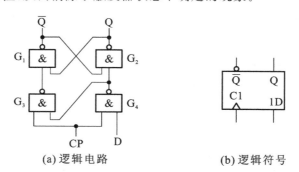

(a) 逻辑电路　　　　　　　(b) 逻辑符号

图 5-11　钟控 D 触发器的逻辑电路和逻辑符号

　　1）工作原理

　　(1)当无时钟脉冲作用(CP＝0)时,与非门 G_3、G_4 被封锁。此时,不管 D 端为何值,两个控制门的输出均为 1,触发器的状态保持不变。

　　(2)当有时钟脉冲作用(CP＝1)时,若 D＝0,则与非门 G_4 输出为 1,与非门 G_3 输出为 0,触发器状态被置 0;若 D＝1,则与非门 G_4 输出为 0,与非门 G_3 输出为 1,触发器状态被置 1。

　　2）逻辑功能描述

　　由工作原理可知,当 CP＝1 时,D 触发器状态的变化取决于输入信号 D,而与现态无关。其次态方程为

$$Q^{n+1}＝D$$

　　钟控 D 触发器的功能表、状态表和激励表分别如表 5-8、表 5-9 和表 5-10 所示,其状态图如图 5-12 所示。

表 5-8 钟控 D 触发器的功能表

D	Q^{n+1}	功能说明
0	0	置 0
1	1	置 1

表 5-9 钟控 D 触发器的状态表

现态 Q	次态 Q^{n+1}	
	D=0	D=1
0	0	1
1	0	1

表 5-10 钟控 D 触发器的激励表

Q	→	Q^{n+1}	D
0		0	0
0		1	1
1		0	0
1		1	1

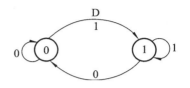

图 5-12 钟控 D 触发器的状态图

由于钟控 D 触发器在时钟脉冲作用后的次态和输入 D 的值一致,故有时又称其为锁存器。

3. 钟控 JK 触发器

将钟控 RS 触发器改进成如图 5-13(a)所示的形式,即增加两条反馈线,将触发器的输出 Q 和 $\overline{Q}$ 交叉反馈到两个控制门的输入端,并把原来的输入端 S 改成 J,输入端 R 改成 K,便构成了另外一种钟控触发器,称为钟控 JK 触发器,其逻辑符号如图 5-13(b)所示。钟控 JK 触发器利用触发器的两个输出端信号始终互补的特点,有效地解决了在时钟脉冲作用期间两个输入端同时为 1 将导致触发器状态不确定的问题。

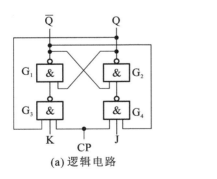
(a)逻辑电路

(b)逻辑符号

图 5-13 钟控 JK 触发器的逻辑电路和逻辑符号

1)工作原理

(1)在没有时钟脉冲作用(CP=0)时,无论输入端 J 和 K 怎样变化,控制门 G_3、G_4 的输出均为 1,触发器保持原来的状态不变。

(2)在时钟脉冲作用(CP=1)时,可分为 4 种情况。

① 当输入 J=0,K=0 时,不论触发器原来处于何种状态,控制门 G_3、G_4 的输出均为 1,触发器状态保持不变。

② 当输入 J＝0,K＝1 时,若原来处于 0 状态,则控制门 G_3、G_4 输出均为 1,触发器保持 0 状态不变;若原来处于 1 状态,则门 G_3 输出为 0,门 G_4 输出为 1,触发器状态置为 0,即输入 JK＝01 时,触发器次态一定为 0 状态。

③ 当输入 J＝1,K＝0 时,若原来处于 0 状态,则控制门 G_3 输出为 1,控制门 G_4 输出为 0,触发器状态置为 1;若原来处于 1 状态,则控制门 G_3、G_4 输出均为 1,触发器保持 1 状态不变,即输入 JK＝10 时,触发器次态一定为 1 状态。

④ 当输入 J＝1,K＝1 时,若原来处于 0 状态,则控制门 G_3 输出为 1,控制门 G_4 输出为 0,触发器置为 1 状态;若原来处于 1 状态,则控制门 G_3 输出为 0,控制门 G_4 输出为 1,触发器置为 0 状态,即输入 JK＝11 时,触发器的次态与现态相反。

2) 逻辑功能描述

根据上述工作原理,可归纳出钟控 JK 触发器在时钟脉冲作用下(CP＝1)的功能表和状态表分别如表 5-11 和表 5-12 所示,其相应的状态图和次态卡诺图分别如图 5-14(a)和(b)所示。

表 5-11　钟控 JK 触发器功能表

J	K	Q^{n+1}	功能说明
0	0	Q	不变
0	1	0	置0
1	0	1	置1
1	1	$\overline{Q}$	翻转

表 5-12　钟控 JK 触发器状态表

现态 Q	次态 Q^{n+1}			
	JK＝00	JK＝01	JK＝11	JK＝10
0	0	0	1	1
1	1	0	0	1

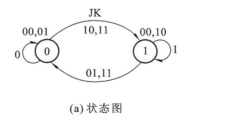

(a)状态图

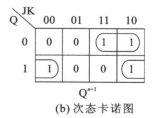

(b)次态卡诺图

图 5-14　钟控 JK 触发器的状态图和次态卡诺图

根据次态卡诺图可得出钟控 JK 触发器的次态方程为

$$Q^{n+1}=J\overline{Q}+\overline{K}Q$$

钟控 JK 触发器在时钟脉冲作用下(CP＝1)的激励表如表 5-13 所示。

表 5-13 钟控 JK 触发器的激励表

Q	→	Q^{n+1}	J	K
0		0	0	d
0		1	1	d
1		0	d	1
1		1	d	0

钟控 JK 触发器的输入端 J、K 的取值没有约束条件,无论 J、K 取何值,在时钟脉冲的作用下都有确定的次态,因此,该触发器具有较强的逻辑功能。

4. 钟控 T 触发器

如果将钟控 JK 触发器的两个输入端 J 和 K 连接起来,并用符号 T 表示,就构成了钟控 T 触发器。图 5-15(a)所示的是钟控 T 触发器的逻辑电路,其逻辑符号如图 5-15(b)所示。

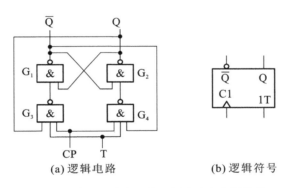

(a) 逻辑电路   (b) 逻辑符号

图 5-15 钟控 T 触发器的逻辑电路和逻辑符号

1) 工作原理

钟控 T 触发器的工作原理如下。

(1) 当无时钟脉冲作用(CP=0)时,控制门 G_3、G_4 被封锁,此时,不管 T 端为何值,两个控制门的输出均为 1,触发器状态保持不变。

(2) 当有时钟脉冲作用(CP=1)时,可分为如下两种情况。

① 当 T=0 时,控制门 G_3、G_4 的输出均为 1,触发器的状态保持不变。

② 当 T=1 时,控制门的输出与现态相关。若现态 Q 为 0,则控制门 G_3 输出为 1,控制门 G_4 输出为 0,触发器的状态被置 1;若现态 Q 为 1,则控制门 G_3 输出为 0,控制门 G_4 输出为 1,触发器的状态被置 0。

归纳起来,当 T=0 时,在时钟作用下触发器的状态保持不变;当 T=1 时,在时钟作用下触发器的状态发生翻转。

2) 逻辑功能描述

钟控 T 触发器在时钟脉冲作用下(CP=1)的功能表、状态表和激励表分别如表 5-14、表 5-15 和表 5-16 所示,相应的状态图如图 5-16 所示。

表 5-14　钟控 T 触发器的功能表

T	Q^{n+1}	功能说明
0	Q	不变
1	$\overline{Q}$	翻转

表 5-15　钟控 T 触发器的状态表

现态 Q	次态 Q^{n+1}	
	T＝0	T＝1
0	0	1
1	1	0

表 5-16　钟控 T 触发器的激励表

Q	→	Q^{n+1}	T
0		0	0
0		1	1
1		0	1
1		1	0

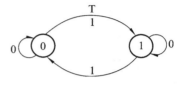

图 5-16　钟控 T 触发器的状态图

根据钟控 T 触发器的状态表,可直接得出钟控 T 触发器的次态方程如下。

$$Q^{n+1}=T\,\overline{Q}+\overline{T}Q=T\oplus Q$$

对于钟控 T 触发器来说,当 T＝1 时,只要有时钟脉冲作用,触发器的状态就翻转,即由 1 变为 0 或由 0 变为 1,相当于一位二进制计数器,所以又将钟控 T 触发器称为计数触发器。

上述简单结构的钟控触发器的共同特点是,当时钟控制信号为低电平(CP＝0)时,触发器保持原状态不变;当时钟控制信号为高电平(CP＝1)时,触发器在输入信号的作用下发生状态变化。换言之,触发器的状态转移是被控制在一个约定的时间间隔内,而不是控制在某一时刻进行,触发器的这种控制方式被称作为电平触发方式。

采用电平触发方式的钟控触发器存在一个共同的问题,就是可能出现"空翻"的现象。所谓"空翻"是指在同一个时钟脉冲作用期间触发器状态发生或二次以上变化的现象。引起空翻的原因是在时钟脉冲为高电平期间,输入信号的变化直接控制着触发器状态的变化。具体来说,当时钟控制信号 CP＝1 时,如果输入信号发生变化,则触发器的状态也会跟着发生变化,从而使得一个时钟脉冲作用期间引起多次翻转。"空翻"会造成状态的不确定性和系统工作的混乱,这是不允许的。如果要使这种触发器在每个时钟脉冲作用期间仅发生一次翻转,则对时钟信号的控制电平的宽度要求极其苛刻。这个不足之处,使这种触发器的应用受到一定限制。

5.2.3　主从触发器

为了克服简单结构钟控触发器所存在的"空翻"现象,必须对控制电路的结构进行改进,将触发器的翻转控制在某一时刻完成。

主从结构的钟控触发器采用具有存储功能的控制电路,避免了"空翻"现象。下面以主从 RS 触发器和主从 JK 触发器为例进行介绍。

1. 主从 RS 触发器

主从 RS 触发器由两个简单结构的钟控 RS 触发器组成,一个称为主触发器,另一个称为从触发器。图 5-17(a)所示的是主从 RS 触发器的逻辑电路,其逻辑符号如图 5-17(b)所示。

由图 5-17(a)可知,主、从两个触发器的时钟脉冲是反相的,时钟脉冲 CP 作为主触发器

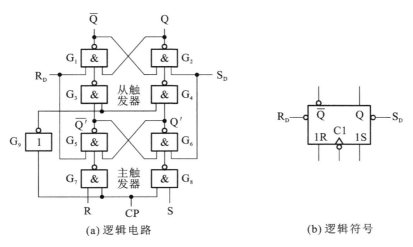

(a) 逻辑电路   (b) 逻辑符号

图 5-17　主从 RS 触发器的逻辑电路和逻辑符号

的控制信号，经反相后得到的$\overline{CP}$作为从触发器的控制信号。输入信号 R、S 送至主触发器输入端，主触发器的状态 Q' 和 $\overline{Q}'$ 作为从触发器的输入，从触发器的输出 Q 和 $\overline{Q}$ 作为整个主从触发器的状态输出。图中的 R_D 和 S_D 分别为直接清零和直接置 1 端（有时又称为异步清零端和异步置 1 端），低电平有效，平时二者接高电平。

该触发器的工作原理如下。

当时钟脉冲 CP＝1 时，控制门 G_7、G_8 被打开，主触发器的状态取决于 R、S 的值，逻辑功能与前述简单结构的 RS 触发器完全相同；而对于从触发器来说，由于此时 $\overline{CP}$＝0，控制门 G_3、G_4 被封锁，故从触发器的状态不受主触发器的状态变化的影响，即整个主从触发器状态保持不变。

当时钟脉冲 CP 由 1 变为 0 时，由于 CP＝0，控制门 G_7、G_8 被封锁，故主触发器的状态不再受输入 R、S 的影响，即主触发器状态保持不变；而对于触发器来说，由于此时 $\overline{CP}$＝1，控制门 G_3、G_4 被打开，所以主触发器的状态通过控制门作用于从触发器，使从触发器的状态与主触发器状态相同（若 Q'＝0、$\overline{Q}'$＝1，则 Q＝0、$\overline{Q}$＝1；反之若 Q'＝1、$\overline{Q}'$＝0，则 Q＝1、$\overline{Q}$＝0）。换言之，当时钟脉冲 CP 由 1 变为 0 时，使主触发器的状态为整个主从触发器的状态。

主从 RS 触发器的工作波形图如图 5-18 所示。

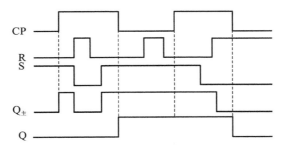

图 5-18　主从 RS 触发器的工作波形图

由上述工作原理可知，主从 RS 触发器具有如下特点。

（1）触发器状态的变化发生在时钟脉冲 CP 由 1 变为 0 的时刻，因为在 CP＝0 期间主触发器被封锁，其状态不再受输入 R、S 的影响，因此，不会引起触发器的状态发生两次以上翻转，从而克服了"空翻"现象。

（2）触发器的状态取决于 CP 由 1 变为 0 时刻主触发器的状态,而主触发器的状态在 CP＝1 期间是随输入信号 R,S 变化的,所以触发器的状态实际上取决于 CP 由 1 变为 0 之前的输入信号 R,S 的值。

（3）主从 RS 触发器的逻辑功能与前述简单结构的 RS 触发器完全相同。其次态方程和约束方程如下。

$$Q^{n+1}=S+\bar{R}Q \qquad \text{（次态方程）}$$
$$R \cdot S=0 \qquad \text{（约束方程）}$$

由于主从 RS 触发器状态的变化发生在时钟脉冲 CP 的下降沿(1→0)时刻,故通常称为下降脉冲沿触发。图 5-17(b)所示的逻辑符号中,时钟端的小圆圈表示主从 RS 触发器状态的改变是在时钟脉冲的下降沿发生的。

图 5-19 所示为 TTL 集成主从 RS 触发器 74LS71 的逻辑符号和引脚分配图。该触发器有 3 个 R 端和 3 个 S 端,分别为"与"逻辑关系,即 $1R=R_1R_2R_3$,$1S=S_1S_2S_3$。触发器带有置 0 端 R_D 和置 1 端 S_D,其有效电平均为低电平。

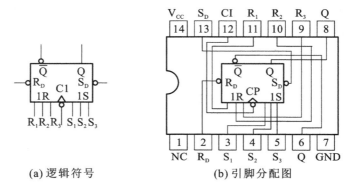

(a) 逻辑符号　　　　(b) 引脚分配图

图 5-19　74LS71 的逻辑符号和引脚分配图

2. 主从 JK 触发器

主从 JK 触发器是对主从 RS 触发器稍加修改后形成的,其逻辑电路和逻辑符号分别如图 5-20(a)和图 5-20(b)所示。

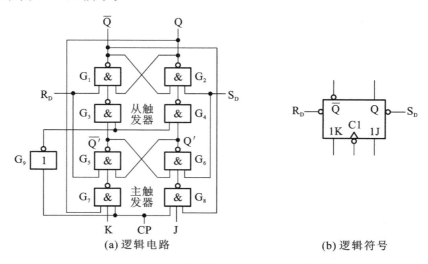

(a) 逻辑电路　　　　　　　　(b) 逻辑符号

图 5-20　主从 JK 触发器的逻辑电路和逻辑符号

由图 5-20(a)可知,主从 JK 触发器通过将输出 Q 和 $\overline{Q}$ 交叉反馈到两个控制门的输入端,克服了主从 RS 触发器两个输入端不能同时为 1 的约束条件。此外,修改后实际上使原主从 RS 触发器的 $R=KQ$,$S=J\overline{Q}$,将其代入主从 RS 触发器的次态方程 $Q^{n+1}=S+\overline{R}Q$,即可得到主从 JK 触发器的次态方程如下。

$$Q^{n+1}=J\overline{Q}+\overline{KQ}Q=J\overline{Q}+(\overline{K}+\overline{Q})Q=J\overline{Q}+\overline{K}Q$$

主从 JK 触发器的逻辑功能与简单结构的 JK 触发器完全相同,但它克服了"空翻"现象。

值得指出的是,主从 JK 触发器存在"一次翻转"现象。所谓"一次翻转"是指在时钟脉冲作用(CP=1)期间,主触发器的状态只能根据输入信号的变化改变一次。即主触发器在接收输入信号发生一次翻转后,其状态保持不变,不再受输入 J、K 变化的影响。"一次翻转"与前面所述的"空翻"是两种不同的现象。"一次翻转"现象可能导致触发器的状态转移与触发器的逻辑功能不一致,显然这是不允许的。

主从 JK 触发器的工作波形图如图 5-21 所示。

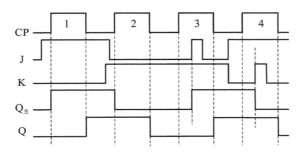

图 5-21 主从 JK 触发器的工作波形图

图 5-21 所示的工作波形图表明了触发器所存在的"一次翻转"现象,其工作波形分析如下。

(1) 在 CP_1 和 CP_2 期间,触发器处于正常工作状态。$CP_1=1$ 期间,由于 J=1、K=0,使主触发器的状态为 1,所以在 CP_1 由 1 变为 0 时,触发器翻转为 1 状态;$CP_2=1$ 期间,由于 J=0、K=1,使主触发器的状态为 0,所以在 CP_2 由 1 变为 0 时,触发器翻转为 0 状态。

(2) 假定在 CP_3 期间 J 端产生一个正向干扰脉冲,那么情况会如何呢?可结合图 5-20(a)中所示主从 JK 触发器的逻辑图进行分析。在干扰脉冲出现前,图 5-20(a)中的主触发器和从触发器都处于 0 状态,即 $Q=Q'=0$,$\overline{Q}=\overline{Q}'=1$。当干扰脉冲出现(J 由 $0\rightarrow1$)时,与非门 G_8 的输入均为 1,输出变为 0,使得主触发器的状态为 $Q'=1$、$\overline{Q}'=0$,即干扰信号的出现使主触发器的状态由 0 变为 1。当干扰信号消失时,由于 $\overline{Q}'=0$,已将与非门 G_6 封锁,G_8 输出的变化不会影响 Q' 的状态,即 J 端干扰信号的消失不能使 Q' 的状态恢复到 0(这就是"一次翻转"特性)。因此,CP_3 由 1 变为 0 时,使得触发器状态为 Q=1。如果 J 端没有正向干扰脉冲出现,根据 J=0、K=1 的输入条件,触发器的正常状态应为 Q=0。类似地,在图 5-21 所示的波形图中,在 CP_4 期间 K 端产生的正向干扰脉冲将使触发器变为 0 状态,而不是正常的 1 状态。

由此可见,主从 JK 触发器存在"一次翻转"现象,所以当输入端 J、K 出现干扰信号时,可能破坏触发器的正常逻辑功能。为了使主从 JK 触发器能正常实现预定的逻辑功能,要求它在时钟脉冲作用期间(CP＝1时)输入J、K不能发生变化,这就降低了其抗干扰功能。这种触发器一般采用窄脉冲作为触发脉冲。

5.2.4 边沿触发器

为了既能克服简单结构钟控触发器的"空翻"现象,又能提高触发器的抗干扰功能,人们引入了边沿触发器。边沿触发器仅仅在时钟脉冲CP的上升沿或下降沿时刻响应输入信号,从而大大提高了触发器的抗干扰能力。维持-阻塞触发器是一种广泛使用的边沿触发器。下面以维持-阻塞D触发器为例进行介绍。

典型维持-阻塞D触发器的逻辑电路和逻辑符号如图5-22所示。图5-22中,D称为数据输入端;R_D和S_D分别称为直接置0端和直接置1端,它们均为低电平有效,即在不进行直接置0和置1操作时,保持为高电平。

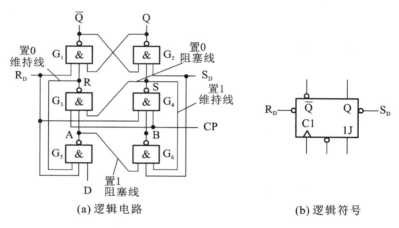

(a) 逻辑电路　　　　　　　　　(b) 逻辑符号

图5-22 维持-阻塞D触发器的逻辑电路和逻辑符号

典型维持-阻塞D触发器在简单D触发器的基础上增加了两个逻辑门G_5、G_6,并安排了置0、置1维持线和置0、置1阻塞线,正是由于这4条线的作用,使得该触发器仅在时钟脉冲CP由0变为1的上升沿时刻才根据D端的信号发生状态转移,而在其余时间触发器状态均保持不变。下面分3种情况对该触发器的工作原理进行讨论。

(1)当时钟脉冲CP＝0时,触发器的状态保持不变。此时,G_3和G_4被封锁,G_3的输出R和G_4的输出S均为1,无论D的值怎样变化,触发器都保持原来的状态不变;此外,由于R＝1反馈到G_5的输入端,S＝1反馈到G_6的输入端,使这两个门打开,故可以接收输入信号D,使得G_5的输出A＝$\bar{D}$,G_6的输出B＝D。

(2)当时钟脉冲CP由0变为1时,使触发器发生状态变化。此时G_3和G_4被打开,它们的输出R、S由G_5、G_6的输出A、B决定,则有R＝$\bar{A}$＝$\bar{\bar{D}}$＝D,S＝$\bar{B}$＝$\bar{D}$。若D＝0,则R＝0、S＝1,触发器的状态为0;若D＝1,则R＝1、S＝0,触发器的状态为1,即作用的结果使触发器的状态与D相同。

(3)触发器被触发后,在时钟脉冲CP＝1时,不受输入影响,维持原状态不变。此时G_3和G_4被打开,它们的输出R、S是互补的,即R＝0、S＝1或R＝1、S＝0。

若R＝0、S＝1(触发器处于0状态),则此时R＝0有如下三个方面的作用。

① 继续将触发器状态置0,即使$\bar{Q}$＝1,Q＝0。

② 通过置0维持线反馈到G_5的输入端,使G_5的输出A＝1,这样就维持了R＝0,即维

持了触发器的置 0 功能。

③ 使 G_5 的输出 A＝1 后,A 点的 1 信号通过置 1 阻塞线,送至 G_6 的输入端,使 G_6 的输出 B＝0,G_4 的输出 S＝1,阻止了触发器置 1。

若 R＝1、S＝0(触发器处于 1 状态),则此时 S＝0 同样有如下三个方面的作用。

① 继续将触发器状态置 1,即 $\overline{Q}$＝0,Q＝1。

② 通过置 1 维持线反馈到 G_6 的输入端,使 G_6 的输出 B＝1,G_4 的输出 S＝0,维持了触发器的置 1 功能。

③ 通过置 0 阻塞线,送至 G_3 的输入端,保持 R＝1,阻止了触发器置 0。

由上述分析可知,由于维持-阻塞线路的作用,使触发器在时钟脉冲的上升沿将 D 输入端的数据可靠地转换成触发器状态,而在上升沿过后的时钟脉冲期间,不论 D 的值如何变化,触发器的状态始终以时钟脉冲上升沿时所采样的值为准。由于是在时钟脉冲的上升沿采样 D 输入端的数据,所以要求输入 D 在时钟脉冲 CP 由 0 变为 1 之前将数据准备好。

维持-阻塞 D 触发器的逻辑功能与前述 D 触发器的逻辑功能完全相同。实际中使用的维持-阻塞 D 触发器有时有几个 D 输入端,此时,各输入端之间是相与的关系。例如,当有 3 个输入端 D_1、D_2 和 D_3 时,其次态方程为

$$Q^{n+1}＝D_1 D_2 D_3$$

维持-阻塞 D 触发器不仅克服了空翻现象,而且由于是边沿触发,抗干扰能力强。因而其应用十分广泛。

图 5-23 所示的是 TTL 集成 D 触发器 74LS74 的引脚分配图。该芯片含 2 个 D 触发器,属于上升沿触发的边沿触发器。每个触发器均带有置 0 端 R_D 和置 1 端 S_D,其有效电平均为低电平。此外,常用的边沿 D 触发器还有 CMOS 双上升沿 D 触发器 CC4013 等。

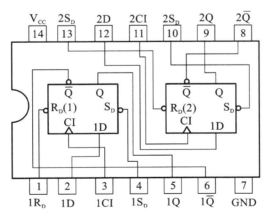

图 5-23　74LS74 的引脚分配图

5.2.5　触发器的激励表及相互转换

1. 触发器的激励表

触发器的特征表描述了触发器的输入信号与输出次态之间的关系。如果已知触发器的现态和次态之间的转换关系,求触发器的输入信号,那么就需要建立触发器的激励表。各种功能触发器的特征表和激励表如表 5-17 所示。

表 5-17　各种触发器的特征表和激励表

名称	特　征　表			激　励　表			
RS 触发器	R	S	Q^{n+1}	Q^n	Q^{n+1}	R	S
	0	0	Q^n	0	0	d	0
	0	0	1	0	1	0	1
	1	0	0	1	0	1	0
	1	1	不允许	1	1	0	d
D 触发器	D		Q^{n+1}	Q	Q^{n+1}	D	
	0		0	0	0	0	
	1		1	0	1	1	
				1	0	0	
				1	1	1	
JK 触发器	J	K	Q^{n+1}	Q^n	Q^{n+1}	J	K
	0	0	Q^n	0	0	0	d
	0	1	0	0	1	1	d
	1	0	1	1	0	d	1
	1	1	$\overline{Q^n}$	1	1	d	0
T 触发器	T		Q^{n+1}	Q^n	Q^{n+1}	T	
	0		Q^n	0	0	0	
	1		Q^n	0	1	1	
				1	0	1	
				1	1	0	

以 RS 触发器为例,以 Q^n 和 Q^{n+1} 为输入,RS 为输出,列出如下四种情况,其中 d 表示状态不确定。

(1) Q^nQ^{n+1} 为 00 时,现态为 0,次态也为 0,触发器处于保持 0 状态或置 0 状态,此时输入 RS 应为 00 或 10,合并在一起写为 d0。

(2) Q^nQ^{n+1} 为 01 时,现态为 0,次态为 1,触发器处于置 1 状态,此时输入 RS 为 01。

(3) Q^nQ^{n+1} 为 10 时,现态为 1,次态为 0,触发器处于置 0 状态,此时输入 RS 为 10。

(4) Q^nQ^{n+1} 为 11 时,现态为 1,次态为 1,触发器处于保持 1 状态或置 1 状态,此时输入 RS 为 00 或 01,合并在一起写为 0d。

再以 JK 触发器为例,以 Q^n 和 Q^{n+1} 为输入,以 JK 为输出,列出如下四种情况。

（1）$Q^n Q^{n+1}$ 为 00 时，现态为 0，次态为 0，触发器处于保持状态或置 0 状态，此时输入 JK 为 00 或 01，合并在一起写为 0d。

（2）$Q^n Q^{n+1}$ 为 01 时，现态为 0，次态为 1，触发器处于翻转状态或置 1 状态，此时输入 JK 为 10 或 11，合并在一起写为 1d。

（3）$Q^n Q^{n+1}$ 为 10 时，现态为 1，次态为 0，触发器处于翻转状态或置 0 状态，此时输入 JK 为 01 或 11，合并在一起写为 d1。

（4）$Q^n Q^{n+1}$ 为 11 时，现态为 1，次态为 1，触发器处于保持状态或置 1 状态，此时输入 JK 为 00 或 10，合并在一起写为 d0。

2. 触发器的相互转换

不同功能的触发器之间可以进行相互转换。主要通过对比触发器的特征方程，可以得到输入信号转换的逻辑表达式，然后再画出电路图。

【例 5-1】　将 JK 触发器转换为 T 触发器。

【解】　JK 触发器的特征方程为

$$Q^{n+1} = J\,\overline{Q^n} + \overline{K}Q^n$$

T 触发器的特征方程为

$$Q^{n+1} = T\,\overline{Q^n} + \overline{T}Q^n$$

对比特征方程可知，当 T＝J＝K，可将 JK 触发器转换为 T 触发器，画出其电路如图 5-24 所示。

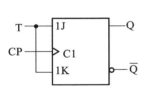

图 5-24　例 5-1 电路图

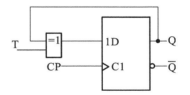

图 5-25　例 5-2 电路图

【例 5-2】　将 D 触发器转换为 T 触发器。

【解】　D 触发器的特征方程为

$$Q^{n+1} = D$$

T 触发器的特征方程为

$$Q^{n+1} = T\overline{Q^n} + \overline{T}Q^n$$

对比特征方程可知，当 $D = T\,\overline{Q^n} + \overline{T}Q^n$ 时，可将 D 触发器转换为 T 触发器，画出电路图如图 5-25 所示。

【例 5-3】　将 D 触发器转换为 JK 触发器。

【解】　D 触发器的特征方程为

$$Q^{n+1} = D$$

JK 触发器的特征方程为

$$Q^{n+1} = J\,\overline{Q^n} + \overline{K}Q^n$$

对比特征方程可知，当 $D = J\,\overline{Q^n} + \overline{K}Q^n$ 时，可将 D 触发器转换为 JK 触发器，画出电路图如图 5-26 所示。

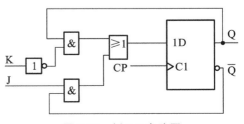

图 5-26　例 5-3 电路图

S huzi dianzi jishu
数字电子技术 >>>

5.3 时序逻辑电路的分析与设计方法

5.3.1 时序逻辑电路概述

时序逻辑电路在任何时刻的稳态输出,不仅与该时刻的输入信号有关,而且还与电路原来的状态有关,也就是说时序逻辑电路的内部必然有记忆元件,用来存储(记忆)与过去输入信号有关的信息或电路过去的输出状态。

时序逻辑电路可分为同步时序逻辑电路和异步时序逻辑电路两类。它们的主要区别是,前者的所有触发器受同一时钟脉冲控制,而后者的各触发器则受不同的时钟脉冲控制。

时序逻辑电路的逻辑功能可用逻辑表达式、状态表、卡诺图、状态图、时序图和逻辑图6种方式表达,这些表示方法在本质上是相同的,可以互相转换。

5.3.2 时序逻辑电路的分析方法

时序逻辑电路的分析步骤如图 5-27 所示。

图 5-27 时序电路的分析步骤

【例 5-4】 分析如图 5-28 所示的时序逻辑电路。

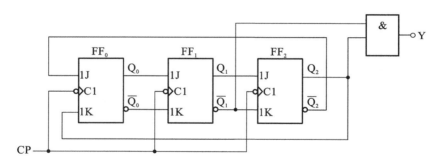

图 5-28 例 5-4 逻辑图

具体分析步骤如下。

(1)写方程式。

本电路为异步时序逻辑电路,其时序方程为:

$$CP_2 = CP_1 = CP_0 = CP$$

输出方程为: $$Y = \overline{Q}_1^n Q_2^n$$

驱动方程为:

$$\begin{cases} J_2 = Q_1^n, & K_2 = \overline{Q}_1^n \\ J_1 = Q_0^n, & K_1 = \overline{Q}_0^n \\ J_0 = \overline{Q}_2^n, & K_0 = Q_2^n \end{cases}$$

(2)求状态方程。

JK 触发器的特征方程为: $$Q^{n+1} = J\overline{Q}^n + \overline{K}Q^n$$

将各触发器的驱动方程代入,即得电路的状态方程如下。

98

$$\begin{cases} Q_2^{n+1}=J_2\overline{Q}_2^n+\overline{K}_2 Q_2^n=Q_1^n\,\overline{Q}_2^n+Q_1^n Q_2^n=Q_1^n \\ Q_1^{n+1}=J_1\overline{Q}_1^n+\overline{K}_1 Q_1^n=Q_0^n\,\overline{Q}_1^n+Q_0^n Q_1^n=Q_0^n \\ Q_0^{n+1}=J_0\overline{Q}_0^n+\overline{K}_0 Q_0^n=\overline{Q}_2^n\,\overline{Q}_0^n+\overline{Q}_2^n Q_0^n=\overline{Q}_2^n \end{cases}$$

（3）计算并列出状态表。

$$\begin{cases} Q_2^{n+1}=Q_1^n \\ Q_1^{n+1}=Q_0^n \\ Q_0^{n+1}=\overline{Q}_2^n \end{cases} \qquad \begin{cases} Q_2^{n+1}=1 \\ Q_1^{n+1}=1 \\ Q_0^{n+1}=\overline{1}=0 \end{cases}$$

$$Y=\overline{Q}_1^n Q_2^n \qquad Y=\overline{0}\cdot 0=0$$

其状态表见表 5-18。

表 5-18 例 5-4 状态表

现 状			状 态			输 出
Q_2^n	Q_1^n	Q_0^n	Q_2^{n+1}	Q_1^{n+1}	Q_0^{n+1}	Y
0	0	0	0	0	1	0
0	0	1	0	1	1	0
0	1	0	1	0	1	0
0	1	1	1	1	1	0
1	0	0	0	0	0	1
1	0	1	0	1	0	1
1	1	0	1	0	0	0
1	1	1	1	1	0	0

（4）画出时序图。

其时序图如图 5-29 所示。

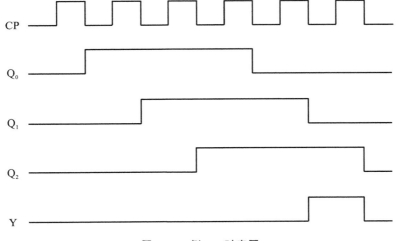

图 5-29 例 5-4 时序图

（5）电路功能。

其有效循环的 6 个状态分别是 0～5 这 6 个十进制数字的格雷码，并且在时钟脉冲 CP 的作用下，这 6 个状态是按递增规律变化的，即：

$$000 \rightarrow 001 \rightarrow 011 \rightarrow 111 \rightarrow 110 \rightarrow 100 \rightarrow 000 \rightarrow \cdots$$

所以这是一个用格雷码表示的六进制同步加法计数器。当对第 6 个脉冲计数时，计数器又重新从 000 开始计数，并产生输出 Y＝1。

5.3.3　时序逻辑电路的设计方法

时序逻辑电路的设计步骤如图 5-30 所示。

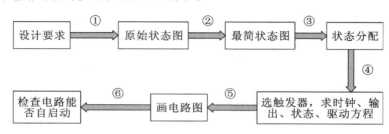

图 5-30　时序逻辑电路的设计步骤

【例 5-5】 设计一个按自然态序变化的七进制同步加法计数器，技术规则为逢七进一，产生一个进位输出。

（1）建立原始状态图。

（2）状态化简：已经为最简状态。

（3）状态分配：已是二进制状态。

（4）选择触发器，求时钟方程、输出方程、状态方程和驱动方程。

原始状态图如图 5-31 所示。因需用 3 位二进制代码，故选用 3 个 CP 下降沿触发的 JK 触发器，分别用 FF_0，FF_1，FF_2 表示。

由于要求采用同步方案，故时钟方程如下。

$$CP_0 = CP_1 = CP_2 = CP$$

其输出方程如图 5-32 所示。

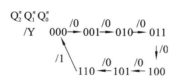

图 5-31　例 5-5 原始状态图

Q_0^n \ $Q_1^n Q_2^n$	00	01	11	10
0	0	0	1	0
1	0	0	×	0

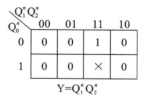

$Y = Q_1^n Q_2^n$

图 5-32　例 5-5 输出方程

其各次态的卡诺图如图 5-33 所示。

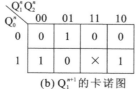

Q_0^n \ $Q_1^n Q_2^n$	00	01	11	10
0	1	1	0	1
1	0	0	×	0

(a) Q_0^{n+1} 的卡诺图

Q_0^n \ $Q_1^n Q_2^n$	00	01	11	10
0	0	1	0	0
1	1	0	×	1

(b) Q_1^{n+1} 的卡诺图

Q_0^n \ $Q_1^n Q_2^n$	00	01	11	10
0	0	0	0	1
1	0	1	×	1

(c) Q_2^{n+1} 的卡诺图

图 5-33　例 5-5 各次态的卡诺图

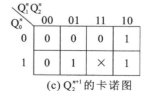

根据各次态的卡诺图,可求得各触发器的状态方程如下。

$$\begin{cases} Q_0^{n+1} = \overline{Q_2^n}\ \overline{Q_0^n} + \overline{Q_1^n}\ \overline{Q_0^n} = \overline{\overline{Q_2^n}Q_1^n}\ \overline{Q_0^n} + \overline{1}Q_0^n \\ \overline{Q_1^{n+1}} = Q_0^n\ \overline{Q_1^n} + \overline{Q_2^n}\ \overline{Q_0^n}Q_1^n \\ \overline{Q_2^{n+1}} = Q_1^n Q_0^n\ \overline{Q_2^n} + \overline{Q_1^n}Q_2^n \end{cases}$$

> **注意**:此处不简化,以便使之与 JK 触发器的特征方程的形式一致。

由上述状态方程可得各触发器的驱动方程如下。

$$\begin{cases} J_0 = \overline{\overline{Q_2^n}Q_1^n}, & K_0 = 1 \\ J_1 = Q_0^n, & K_1 = \overline{\overline{Q_2^n}\ \overline{Q_0^n}} \\ J_2 = Q_1^n Q_0^n, & K_2 = Q_1^n \end{cases}$$

(5)由上述驱动方程即可得例 5-5 的逻辑电路图如图 5-34 所示。

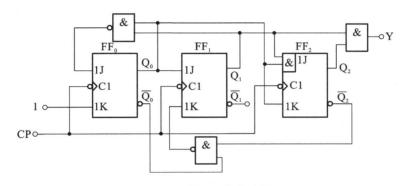

图 5-34　例 5-5 的电路图

(6)检查电路能否自启动。将无效状态 111 代入状态方程计算如下。

$$\begin{cases} Q_0^{n+1} = \overline{\overline{Q_2^n}Q_1^n}\ \overline{Q_0^n} + \overline{1}Q_0^n = 0 \\ \overline{Q_1^{n+1}} = Q_0^n\ \overline{Q_1^n} + \overline{Q_2^n}\ \overline{Q_0^n}Q_1^n = 0 \\ \overline{Q_2^{n+1}} = Q_1^n Q_0^n\ \overline{Q_2^n} + \overline{Q_1^n}Q_2^n = 0 \end{cases}$$

可见 111 的次态为有效状态 000,即电路能够自启动。

 ## 5.4　计数器

计数是一种最简单的运算,而计数器就是实现这种运算的逻辑电路。它们不仅可用于对脉冲计数,还可以实现测量、计数、控制和分频等功能。计数器的种类很多,如果按触发器是否同时翻转,可分为同步计数器和异步计数器;如果按计数数值的增减分类,可分为加法计数器、减法计数器和可逆计数器;如果按编码分类,又可分为二进制码计数器、BCD 码计数器和循环计数器等。另外,还有很多种分类,此处就不一一列举了,但是最常用的还是第一种分类。

5.4.1　二进制计数器

二进制计数器是结构最简单的计数器,其应用比较广泛。二进制计数器是按二进制数运算规律进行计数的电路。二进制计数器按计数器中触发翻转是否同步又可以分为同步二进制计数器和异步二进制计数器。

（1）同步二进制计数器：将计数脉冲同时加到所有触发器的时钟信号输入端，使应翻转的触发器同时发生翻转的计数器，称为同步计数器。

（2）异步二进制计数器：计数脉冲只加到部分触发器的时钟脉冲输入端上，而其他触发器的触发信号则由电路内部提供，应翻转的触发器的状态更新并不同步的计数器，称为异步计数器。

异步二进制计数器是计数器中最基本的二进制计数器，它一般由计数型的触发器连接而成，将计数脉冲加到最低位触发器的 CP 端，令低位触发器的输出 Q 作为相邻高位触发器的时钟脉冲。下面以异步二进制加法计数器为例来进行介绍。

异步二进制加法计数器必须满足二进制加法原则，即逢二进一，即 Q 由 1 变为 0 时有进位。

组成二进制加法计数器时，各触发器应当满足以下几点要求。

（1）每输入一个计数脉冲，触发器应当翻转一次（即用 T 触发器）。

（2）当低位触发器由 1 变为 0 时，应输出一个进位信号加到相邻高位触发器的计数输入端。

由 JK 触发器构成的 3 位异步二进制加法计数器（用 CP 脉冲下降沿触发）的各项特性如下。

（1）其电路组成如图 5-35 所示。

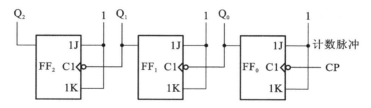

图 5-35　异步二进制加法计数器

（2）其工作原理如下。

FF$_0$ 的状态方程为：　　　　$Q_0^{n+1}=\overline{Q}_0^n$（CP 下降沿触发）

FF$_1$ 的状态方程为：　　　　$Q_1^{n+1}=\overline{Q}_1^n$（$Q_0$ 下降沿触发）

FF$_2$ 的状态方程为：　　　　$Q_2^{n+1}=\overline{Q}_2^n$（$Q_1$ 下降沿触发）

（3）计数器的状态转换表如表 5-19 所示。

表 5-19　3 位二进制加法计数器的状态转换表

CP 顺序	Q_2	Q_1	Q_0	等效十进制
0	0	0	0	0
1	0	0	1	1
2	0	1	0	2
3	0	1	1	3
4	1	0	0	4
5	1	0	1	5

CP 顺序	Q_2	Q_1	Q_0	等效十进制
6	1	1	0	6
7	1	1	1	7
8	0	0	0	0

（4）计算器的时序图如图 5-36 所示。

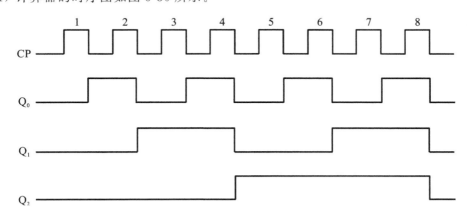

图 5-36　3 位二进制加法计数器时序图

（5）其状态转换图如图 5-37 所示。

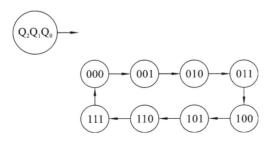

图 5-37　3 位二进制加法计数器的状态图

圆圈内表示 $Q_2 Q_1 Q_0$ 的状态，箭头表示状态转换的方向。

5.4.2　十进制计数器

二进制加法计数器运用起来比较简洁方便,其结构图和原理图也比其他进制的简单明了,但二进制表示一个数时,位数一般比较长。十进制是我们日常生活中经常用到的数制,不需要转换,所以十进制加法计数器比二进制加法计数器的应用更为广泛。加法器用于进行数据的累加,在日常生活中,数据的累加普遍存在,有时候需要一种计数器对累加过程进行运算处理,所以十进制加法计数器的设计应符合人们的生活需要。

下面以一种简单的异步十进制加法计数器为例来介绍十进制加法计数器。

1. 电路图

异步十进制加法计数器的电路图如图 5-38 所示。

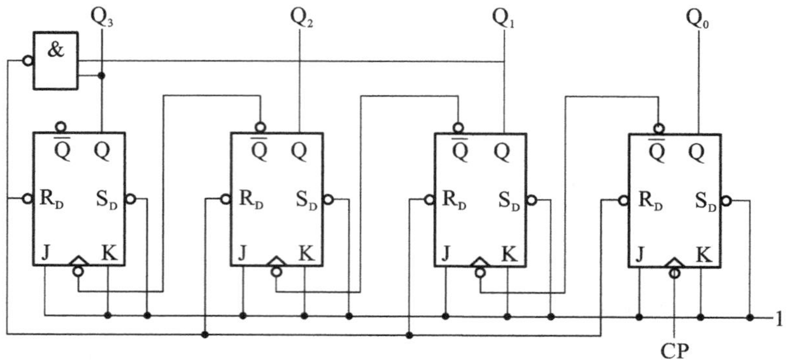

图 5-38　异步十进制加法计数器电路图

2. 电路原理

图 5-38 是采用脉冲反馈式的异步十进制加法计数器,它是由 4 位异步二进制加法计数器修改而成的,该电路增加了一个与非门 G 输出清零信号,来控制各触发器的 $\overline{R}_D$ 端,实现从 0000 状态计数到 1001 状态后自动返回到 0000 状态。不难看出,由于 $\overline{R}_D = Q_1 Q_3$,当计数器从 1001 状态变为 1010 状态时,Q_1、Q_3 同时为 1,$\overline{R}_D = 0$ 使各触发器置 0。各触发器置 0 后,Q_1、Q_3 也变为 0,$\overline{R}_D$ 迅速由 0 变为 1。下面分析其工作原理。

由图 5-38 可以看出,当计数器从 0000 状态计数器到 1001 状态时,其计数原理与 4 位二进制加法计数器完全相同;当计数器处于 1001 状态时,若再来计数脉冲,则计数器会进入 1010 状态,此时 $Q_1 Q_3$ 同时为 1,$\overline{R}_D$ 输出一个负脉冲,计数器迅速复位到 0000 状态;当计数器变为 0000 状态后,$\overline{R}_D$ 又迅速由 0 变为 1 状态,清零信号消失,计数器又可以从 0000 状态重新开始计数。显然,1010 状态存在的时间很短(通常只有 10 ns 左右),可以认为实际出现的计数状态只有 0000~1001,所以该电路实现了十进制计数功能。

3. 十进制加法计数器的状态转换表

十进制加法计数器的状态转换表见表 5-20。

表 5-20　十进制加法计数器的状态转换表

CP 顺序	Q_3	Q_2	Q_1	Q_0	等效十进制
0	0	0	0	0	0
1	0	0	0	1	1
2	0	0	1	0	2
3	0	0	1	1	3
4	0	1	0	0	4
5	0	1	0	1	5
6	0	1	1	0	6
7	0	1	1	1	7
8	1	0	0	0	8
9	1	0	0	1	9
10	0	0	0	0	0

4. 时序图

十进制加法计数器的时序图如图 5-39 所示。

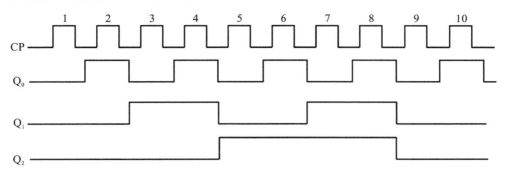

图 5-39　十进制加法计数器时序图

5. 状态转换图

十进制加法计数器的状态转换图如图 5-40 所示。

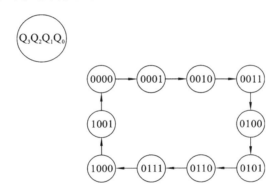

图 5-40　十进制加法计数器状态图

5.4.3　N 进制计数器

在计数脉冲的驱动下,计数器中循环的状态个数称为计数器的模数。如果用 N 来表示,则二进计数器的模数为 $N=2n$(n 为构成计数器的触发器的个数)。

构成 N 进制计数器有如下三种方法。

(1) 利用触发器直接构成的,称为反馈阻塞法。

N 触发可构成模 $2n$ 的二进制计数器,但如果改变其级联方法,舍去某些状态,就可以构成 $N<2n$ 的任意进制计数器,这种方法称为反馈阻塞法。如图 5-41 所示。

(2) 用移位寄存器构成的,称为串行反馈法。

用此方法即意味寄存器的输出以一定的方式反馈到串行输入端,就可构成许多特殊编码的移位寄存器型 N 进制计数器,这种方法称为串行反馈法。

根据反馈的逻辑电路不同,得到的计数器形式也有所不同。常用的有以下几种。

① 环形计数器。其优点是:所有触发器中只有一个 1(或 0)进行循环移位,利用 0 端作状态输出端不需要加译码器,在 CP 脉冲的驱动下各 Q 端轮流出现矩形脉冲,故也称为脉冲分配器。

② 扭环形计数器。其状态利用率比环形计数器提高一倍,即 $N=2n$。

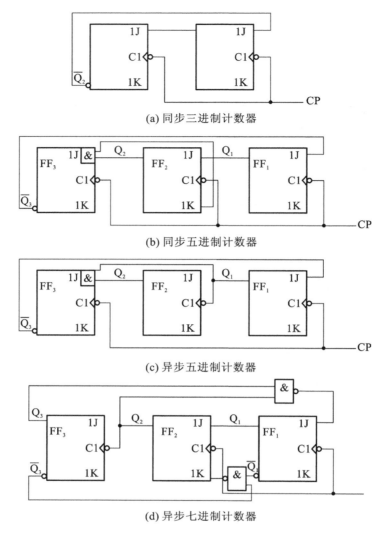

(a) 同步三进制计数器

(b) 同步五进制计数器

(c) 异步五进制计数器

(d) 异步七进制计数器

图 5-41 同步以及异步计数器接线图

扭环形计数器的优点是每次状态变化时只有一个触发器翻转,译码时不存在竞争-冒险,所有的译码门只需两个输入端。其缺点是状态利用率较低,有 2^n-2n 个状态没有被利用。

自启的环形计数器的逻辑图、状态图及状态图如图 5-42 所示。

自启的扭环形计数器的逻辑图及状态图如图 5-43 所示。

(3)用集成计数器构成的,称为反馈清零法和反馈置数法。

利用集成二进制或集成十进制计数芯片可以很方便地构成任意进制计数器,采用的方法有如下两种。

① 反馈清零法。清零信号的选择与芯片的清零方式有关(产生清零信号的状态称为反馈识别码 N_a)。清零方式又分为异步清零方式与同步清零方式两种。

● 异步清零方式:$N_a=N$,其有效循环状态为 $0\sim(N_a-1)$。

● 同步清零方式:$N_a=N-1$,其有效循环状态为 $0\sim N_a$。

② 反馈置数法。当输入第 N 个计数脉冲时,利用置数功能对计数器进行置数操作,强迫计数器进入计数循环,从而实现 N 进制计数。这种计数器的起始状态值就是置入的数值,

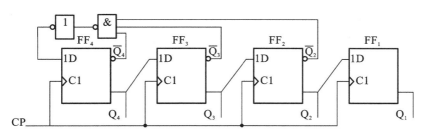

(a) 自启的4位环形计数器逻辑图

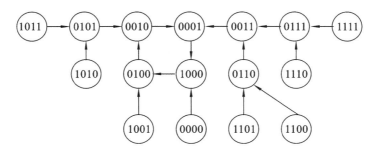

(b) 自启的4位环形计数器状态图

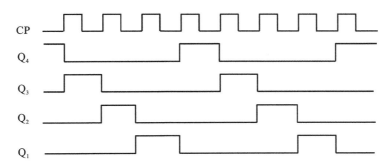

(c) 自启的4位环形计数器的波形图

图 5-42　自启的 4 位环形计数器逻辑图、状态图及波形图

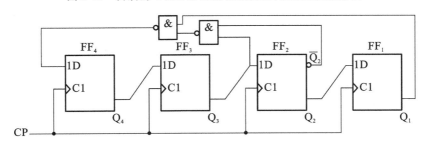

(a) 自启的4位扭环形计数器的逻辑图

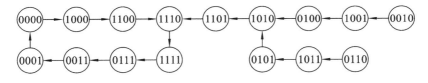

(b) 自启的4位扭环形计数器的状态图

图 5-43　自启的 4 位扭环形计数器逻辑图、状态图

可以是零,也可以是非零,因此应用更灵活。

反馈置零法和反馈置数法只能实现模 N 小于集成计数器 M 的 N 进制计数器;将模 M_1、M_2、……、M_m 的计数器串接起来(称为计数器的级联),可获得模 $N = M_1 \times M_2 \times \cdots \times M_m$ 的大容量 N 进制计数器。

5.5 寄存器

在数字电路中,用来存放二进制数据或代码的电路称为寄存器,由具有存储功能的触发器构成。

5.5.1 基本寄存器

寄存器是用于存放数据和代码的逻辑部件,它必须具备接收和寄存数据和代码的功能。采用任何一种类型的触发器均可构成寄存器。每一个触发器可存放一位二进制数或一个逻辑变量的值,由 n 个触发器构成的寄存器可存放 n 位二进制数或 n 个逻辑变量的值。

如图 5-44 所示的是74LS175(四上升沿 D 触发器)的逻辑图。当接收命令(即时钟脉冲CP)到来时,数据便传输至寄存器保存起来。由于寄存器中触发器的状态改变是与时钟脉冲 CP 同步的,故称其为同步送数方式。

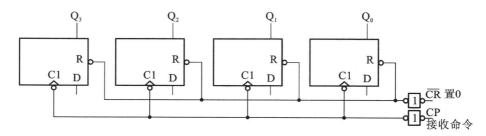

图 5-44　74LS175 的逻辑图

利用 RS 触发器的 R_D 和 S_D 也可以实现送数,达到寄存数码的目的,其连接方式如图 5-45 所示。这种工作方式称为异步送数,寄存器状态改变的时刻与时钟脉冲 CP 无关。

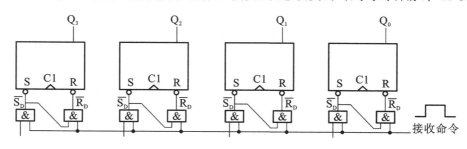

图 5-45　RS 触发器实现送数

图 5-44 和图 5-45 中数据的各位是并行送入寄存器的;寄存器中寄存的数据也是并行地将数据的各位一齐输出,称为并行输入,并行输出。

5.5.2 移位寄存器

在数字电路中,一般寄存器只有寄存数据或代码的功能,移位寄存器则是一种在若干相同时间脉冲下工作的以触发器为基础的器件,可将寄存的二进制代码或数据依次移位,用来实现数据的串行转换及并行转换,或者串行-并行的转换,以及数值运算和其他数据处理功能。移位寄存器的输入、输出都可以是串行或并行的。基本移位寄存器如图 5-46 所示。

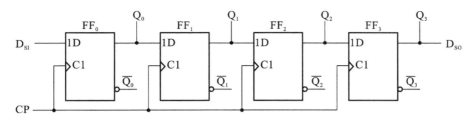

图 5-46 基本移位寄存器

基本移位寄存器的工作原理如下。

如图 5-46 所示的是一个 4 位移位寄存器,第一级触发器的 D 端接输入信号 D_{SI},其余各触发器的 D 端与其前一级触发器的 Q 输出端相连,并将各触发器的 CP 端连接在一起输入时钟脉冲。若将串行数据 $D_3 D_2 D_1 D_0$ 从高位(D_3)至低位(D_0)按时钟序列依次送到 D_{SI} 端,经过第一个时钟脉冲后,$Q_0 = D_3$。由于跟随 D_3 后面的是 D_2,则经过第二个时钟脉冲后,触发器 FF_0 的状态移入触发器 FF_1,而 FF_0 变为新的状态,即 $Q_1 = D_1$,$Q_0 = D_2$,依此类推,则可得出该移位寄存器的状态如表 5-21 所示(表中×表示不确定状态)。由表 5-21 可知,输入的数据由低位触发器移到高位触发器。经过 4 个时钟脉冲后,4 个触发器的输出状态 $Q_3 Q_2 Q_1 Q_0$ 与输入数据 $D_3 D_2 D_1 D_0$ 相对应。为了加深理解,在图 5-47 中画出了 1101(即 $D_3 = 1$,$D_2 = 1$,$D_1 = 0$,$D_0 = 1$ 时)在寄存器中移位的波形,经过 4 个时钟脉冲后,1101 出现在触发器的输出端。

表 5-21 基本移位寄存器状态表

CP 顺序	Q_0	Q_1	Q_2	Q_3
第一个 CP 脉冲之前	×	×	×	×
1	D_3	×	×	×
2	D_2	D_3	×	×
3	D_1	D_2	D_3	×
4	D_0	D_1	D_2	D_3

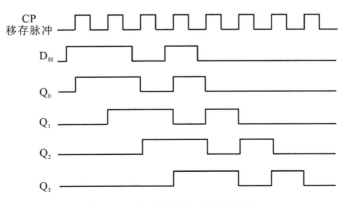

图 5-47 基本移位寄存器时序图

5.5.3 寄存器的应用

1. 移位寄存器构成序列脉冲发生器

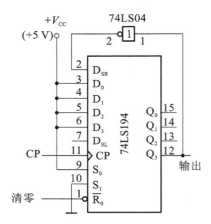

图 5-48 移位寄存器构成序列脉冲发生器

序列信号是指在同步脉冲的作用下按一定周期循环产生的一串二进制信号。例如：0111 ～ 0111，每 4 位重复一次，称为 4 位序列信号。

序列脉冲信号广泛应用于数字设备测试、通信和遥控中的识别信号或基准信号等。

如图 5-48 所示的是由移位寄存器组成的 8 位序列信号发生器，其输出序列信号为：00001111。

该序列信号发生器的工作原理如下。

因为 $S_1 S_0 = 01$，故为右移方式，Q_3 作为输出端。首先令 CP=0，输出端全为零，Q_3 取反后送入 D_{SR}，则 D_{SR} 为 1；然后，连续送入移位脉冲，各输出状态的变化如表 5-22 所示。电路产生的序列信号为：00001111。

表 5-22　8 位序列信号发生器状态表

CP	D_{SR}	Q_0	Q_1	Q_2	Q_3
0	1	0	0	0	0
1	1	1	0	0	1
2	1	1	1	0	0
3	1	1	1	1	0
4	0	1	1	1	1
5	0	0	1	1	1
6	0	0	0	1	1
7	0	0	0	0	1
8	1	0	0	0	0

8 位序列信号发生器的时序图如图 5-49 所示。

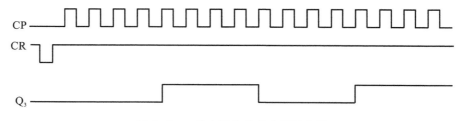

图 5-49　8 位序列信号发生器时序图

产生序列信号的关键是从移位寄存器的输出端引出一个反馈信号送至串行输入端，反馈电路由组合逻辑门电路构成，如图 5-50 所示。N 位移位寄存器构成的序列信号发生器产生的序列信号的最大长度 $P = 2n$。

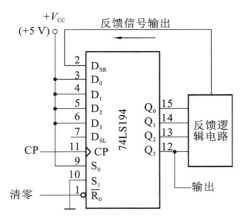

图 5-50　8 位序列信号发生器接线图

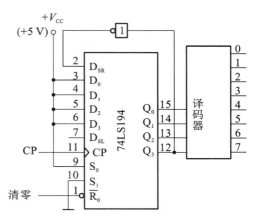

图 5-51　移位寄存器构成计数器

2. 移位寄存器构成计数器

移位寄存器构成计数器的工作原理如下。其电路如图 5-51 所示。

电路清零以后,在连续脉冲的作用下,数据右移,$Q_3 Q_2 Q_1 Q_0$ 的数据依次为:

$$0000 \rightarrow 0001 \rightarrow 0011 \rightarrow 0111$$
$$1000 \leftarrow 1100 \leftarrow 1110 \leftarrow 1111$$

故有 8 种不同的状态输出。如果译码器将这 8 种状态译码成 0～7 共 8 个数字,则上述电路就构成八进制计数器。

> **注意**:此处译码器不是 LED 管显示译码器。

计数前,如果不清零,由于随机性,随着计数脉冲的到来,$Q_3 Q_1 Q_2 Q_0$ 的状态可能进入如下的无效循环。

$$0100 \rightarrow 1001 \rightarrow 0010 \rightarrow 0101 \rightarrow 1011 \rightarrow 0110 \rightarrow 1101 \rightarrow 1010$$

由于移位寄存器构成的计数器没有利用所有的编码,所以当电路受到干扰时,会出现误码。而当计数器出现被舍弃的编码时,计数器就会进入无效码循环状态,称为无效循环。因此,不允许寄存器工作在这种循环状态。

改进后的电路如图 5-52 所示。

当 $n=4$ 时,反馈逻辑表达式为:

$$D_{SR} = Q_3 \oplus Q_1 , Q_3 \oplus Q_0$$

当 $n=8$ 时,反馈逻辑表达式为:

$$D_{SR} = Q_7 \oplus Q_5 \oplus Q_4 \oplus Q_3 , Q_7 \oplus Q_3 \oplus Q_2 \oplus Q_1$$

计数器的最大长度:
$$N = 2^n - 1$$

3. 数据显示锁存器

在计数显示电路中,如果计数器的计数值变化的速度很快,那么人眼将无法辨认显示的字符。

如图 5-53 所示的是信号源频率显示器,其工作原理分析如下。

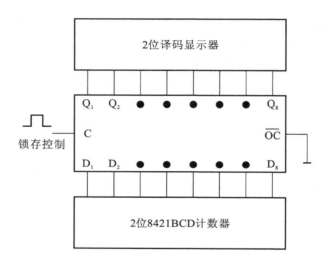

图 5-52 移位寄存器构成计数器的改进电路

图 5-53 信号源频率显示器接线图

（1）在计数器和译码器之间加入锁存器，就可以控制数据显示的时间。

（2）若锁存信号 C＝0，数据被锁存，译码显示电路稳定显示锁存数据。

（3）若锁存信号 C＝1 时，显示值随数据变化而变化，即实时显示。

5.6 脉冲发生器

在数字电路中，能按一定时间、一定顺序轮流输出脉冲波形的电路称为顺序脉冲发生器。在数字系统中，顺序脉冲发生器常用来控制某些设备按照事先规定的顺序进行运算或操作。

顺序脉冲发生器也称为脉冲分配器或节拍脉冲发生器，一般由计数器（包括移位寄存器型计数器）和译码器组成。作为时间基准的计数脉冲由计数器的输入端送入，译码器即将计数器状态译成输出端上的顺序脉冲，使输出端上的状态按一定时间和一定顺序轮流为 1，或者轮流为 0。顺序脉冲发生器分为计数器型顺序脉冲发生器和移位型顺序脉冲发生器。

计数型顺序脉冲发生器一般使用按自然态序计数的二进制计数器和译码器构成。移位型顺序脉冲发生器由移位寄存器型计数器加译码电路构成。其中，环形计数器的输出就是顺序脉冲，故可不加译码电路就可以直接作为顺序脉冲发生器。

5.6.1 计数型顺序脉冲发生器

计数型顺序顺序脉冲发生器,一般都是用按自然态序计数的二进制计数器和译码器组成。计数器在输入计数脉冲(时钟脉冲)的操作下,其状态是依次转换的,而且在有效状态中循环工作,显然,用译码器把这些状态"翻译"出来,就可以得到顺序脉冲。

1. 电路组成

计数型顺序脉冲发生器的电路组成如图 5-54 所示。

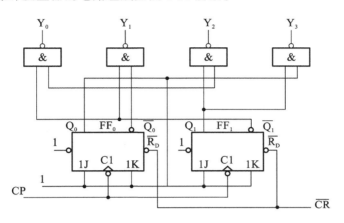

图 5-54 计数型顺序脉冲发生器的电路组成

2. 状态方程

计数型顺序脉冲发生器电路的状态方程如下。

$$Q_0^{n+1} = \overline{Q_0^n}$$

$$Q_1^{n+1} = Q_0^n \, \overline{Q_1^n} + \overline{Q_0^n} Q_1^n = Q_0^n \oplus Q_1^n$$

3. 时序图

计数型顺序脉冲发生器的时序图如图 5-55 所示。

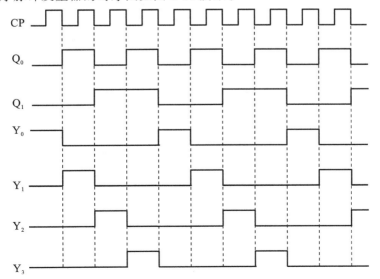

图 5-55 计数型顺序脉冲发生器的时序图

5.6.2 移位型顺序脉冲发生器

移位型顺序脉冲发生器,从结构上看,它仍然是由计数器和译码器构成,与计数型顺序脉冲发生器没有区别。但是,它采用的是按非自然态序进行计数的移位寄存器型计数器,其电路组成、工作原理和特性都别具特色。因此将其定名为移位型顺序脉冲发生器,并单独进行介绍。

1. 由环形计数器构成的顺序脉冲发生器

如图 5-56 所示的是由 4 位环形计数器构成的四输出顺序脉冲发生器。

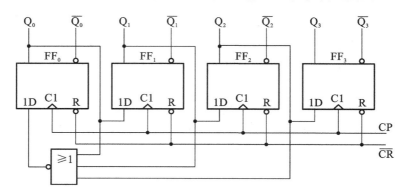

图 5-56　四输出顺序脉冲发生器电路组成

2. 状态方程

其状态方程如下。

$$Q_0^{n+1} = Q_0^n \cdot Q_1^n \cdot Q_2^n$$
$$Q_1^{n+1} = Q_0^n$$
$$Q_2^{n+1} = Q_1^n$$
$$Q_3^{n+1} = Q_2^n$$

3. 时序图

电路的时序图如图 5-57 所示。

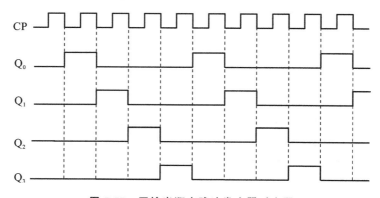

图 5-57　四输出顺序脉冲发生器时序图

习 题 5

1. 时序逻辑电路如图 5-58 所示。试写出当 C＝0 和 C＝1 时,电路的状态方程 Q^{n+1},并说明各自实现的功能。

2. 主从型 RS 触发器各输入信号如图 5-59 所示,试画出 Q 端和 $\overline{Q}$ 端的波形。

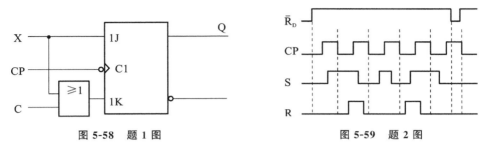

图 5-58　题 1 图　　　　　　　　图 5-59　题 2 图

3. 判断如图 5-60 所示的电路是什么功能的触发器,并写出其特征方程。

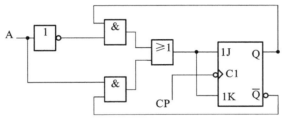

图 5-60　题 3 图

4. 试画出如图 5-61 所示的时序电路在一系列 CP 信号的作用下,Q_0、Q_1、Q_2 的输出电压波形。设触发器的初始状态为 0。

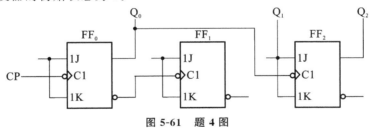

图 5-61　题 4 图

5. 分析如图 5-62 所示的电路,要求:

(1) 写出 JK 触发器的状态方程;

(2) 列出真值表,说明该电路可完成何种逻辑功能。

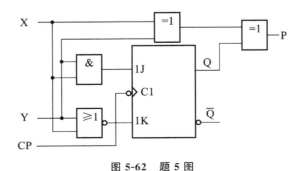

图 5-62　题 5 图

6. 时序电路如图 5-63 所示,其中给出 CP 和 A 的波形如图 5-64 所示。试画出 Q_1、Q_2、Q_3 的波形,假设初始状态为 0。

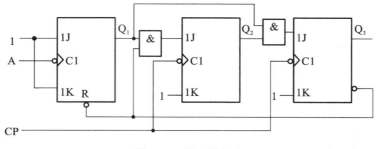

图 5-63 题 6 图(一)

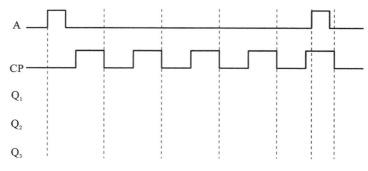

图 5-64 题 6 图(二)

7. 使用 D 触发器设计一个同步五进制加法计数器,要求写出设计过程。

8. 用 JK 触发器设计一个同步六进制加 1 计数器。

习题 5 答案

1.【解】 当 C=0 时,J=X,K=X。

$Q^{n+1} = J\overline{Q^n} + \overline{K}Q^n = X\overline{Q^n} + \overline{X}Q^n$,为 T 触发器。

当 C=1 时,J=X,K=$\overline{X}$。

$Q^{n+1} = J\overline{Q^n} + \overline{K}Q^n = X$,为 D 触发器。

2.【解】

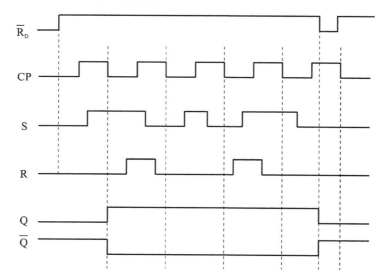

3.【解】

Q^n	A	(J=K) $\overline{A}Q+A\overline{Q}$	Q^{n+1}
0	0	0	0
0	1	1	1
1	0	1	0
1	1	0	1

可以看出,输出总与输入 A 相同,所以是 D 触发器。

4.【解】 先画 Q_0 波形,再画 Q_1 波形,最后画 Q_2 波形。

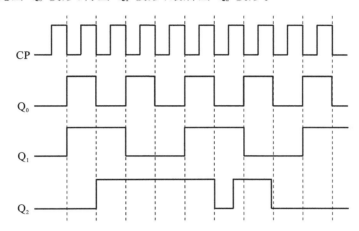

5.【解】 (1) $Q^{n+1}=JQ^n+\overline{K}Q^n=XYQ^n+(X+Y)Q^n=XY+XQ^n+YQ^n$

(2)

X	Y	Q^n	Q^{n+1}	P	X	Y	Q^n	Q^{n+1}	P
0	0	0	0	0	1	0	0	0	1
0	0	1	0	1	1	0	1	1	0
0	1	0	0	1	1	1	0	1	0
0	1	1	1	0	1	1	1	1	1

串行加法器。

6.【解】 $Q_1^{n+1}=\overline{Q}_1^n$, $R=\overline{Q}_3^n$, $Q_2^{n+1}=Q_1^n\,\overline{Q}_3^n\,\overline{Q}_2^n$, $Q_3^{n+1}=Q_1^nQ_2^n\,\overline{Q}_3^n$

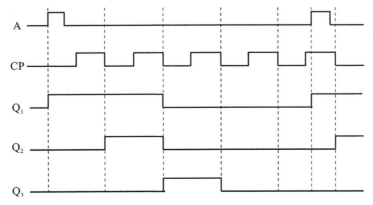

7.【解】 （1）状态转化图如下图所示。

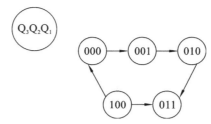

（2）状态真值表如下表所示。

Q_2^n	Q_1^n	Q_0^n	Q_2^{n+1}	Q_1^{n+1}	Q_0^{n+1}	Q_2^n	Q_1^n	Q_0^n	Q_2^{n+1}	Q_1^{n+1}	Q_0^{n+1}
0	0	0	0	0	1	1	0	0	0	0	1
0	0	1	0	1	0	1	0	1	×	×	×
0	1	0	0	1	1	1	1	0	×	×	×
0	1	1	1	0	0	1	1	1	×	×	×

（3）状态方程。
$$Q_2^{n+1}=Q_1^n Q_0^n \qquad Q_1^{n+1}=Q_1^n \overline{Q_0^n}+\overline{Q_1^n} Q_0^n \qquad Q_0^{n+1}=\overline{Q_2^n}\,\overline{Q_0^n}$$

（4）驱动方程。
$$D_2=Q_1^n Q_0^n,\quad D_1=Q_1^n \oplus Q_0^n,\quad D_0=\overline{Q_2^n}\,\overline{Q_0^n}$$

（5）逻辑图。

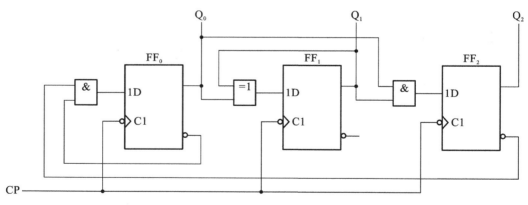

8.【解】 （1）状态表，激励表。

计数脉冲 CP 的顺序	现　态			次　态			激　励　信　号					
	Q_2^n	Q_1^n	Q_0^n	Q_2^{n+1}	Q_1^{n+1}	Q_0^{n+1}	J_2	K_2	J_1	K_1	J_0	K_0
0	0	0	0	0	0	1	0	×	0	×	1	×
1	0	0	1	0	1	0	0	×	1	×	×	1
2	0	1	0	0	1	1	0	×	×	0	1	×
3	0	1	1	1	0	0	1	×	×	1	×	1
4	1	0	0	1	0	1	×	0	0	×	1	×
5	1	0	1	0	0	0	×	1	0	×	×	1
	1	1	0	×	×	×	×	×	×	×	×	×
	1	1	1	×	×	×	×	×	×	×	×	×

（2）用卡诺图化简激励方程。

$$\begin{cases} J_2 = Q_1 Q_0 \\ K_2 = Q_0 \end{cases} \qquad \begin{cases} J_1 = \overline{Q_2} Q_0 \\ K_1 = Q_0 \end{cases} \qquad \begin{cases} J_0 = 1 \\ K_0 = 1 \end{cases}$$

（3）画出电路图。

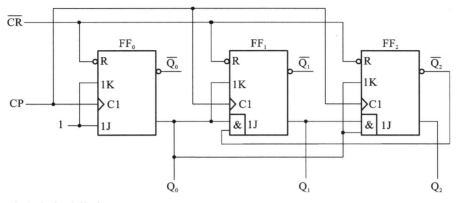

（4）检查自启动能力。

当计数器进入无效状态 110 时，在 CP 脉冲的作用下，电路的状态按 110→111→000 变化，故计数器能够自启动。

第6章 脉冲波形的产生与整形电路

教学提示

本章重点讲解了两种脉冲波形的产生电路,即多谐振荡器和单稳态触发器;以及一种波形变换和整形电路,即施密特触发器。对三种电路分别从工作原理、电路构成和典型应用方面进行了阐释。

教学要求

重点掌握脉冲波形的产生与整形电路的工作原理,以及 555 定时电路及其集成定时电路的工作原理和应用。

脉冲信号是指突然变化的电压或电流,在数字电路中经常会用到矩形脉冲,如控制电路中的定时信号、时序电路中的时钟脉冲信号等。这些脉冲波形的产生主要有两种方式:一种是利用脉冲振荡电路产生,另一种是通过整形电路对已有的波形进行整形变换使之符合系统的要求。下面介绍一下矩形脉冲信号中常见的参数,如图 6-1 所示。

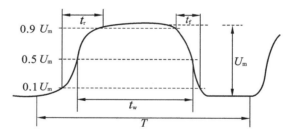

图 6-1　矩形脉冲信号的主要参数

(1)脉冲周期 T:周期性重复的信号中两个相邻脉冲之间的时间间隔。

(2)脉冲幅度 U_m:脉冲信号的最大变化幅度。

(3)脉冲宽度 t_w:从脉冲上升沿上升到 $0.5U_m$ 起,到脉冲下降沿下降到 $0.5U_m$ 止的一段时间。

(4)上升时间 t_r:脉冲上升沿从 $0.1U_m$ 上升到 $0.9U_m$ 所需要的时间。

(5)下降时间 t_f:脉冲下降沿从 $0.9U_m$ 下降到 $0.1U_m$ 所需要的时间。

(6)占空比 D:脉冲宽度与脉冲周期的比值,$D=t_w/T$。

555 定时器是一种多用途的单片中规模集成电路。该电路只需外接少量的阻容元件就可以构成单稳态触发器、多谐振荡器和施密特触发器,因而在波形的产生与变换电路中被广泛应用。下面先介绍关于此电路的基础知识。

目前生产的 555 定时器,按照其内部元件可分为双极型(又称 TTL 型)和单极型(又称 CMOS 型)两种。通常,双极型产品型号的最后三位数字都是 555,CMOS 产品型号的最后四位数字都是 7555,它们的结构、工作原理以及外部引脚排列基本相同。双极型 555 定时器的电路结构如图 6-2 所示,由分压器、比较器、触发器和放电开关管等四部分组成。其中,分压器由三个阻值为 5 kΩ 的电阻组成;C_1 和 C_2 为两个比较器;门电路 G_1 和 G_2 构成一个基本 RS 触发器;T_D 为放电三极管。

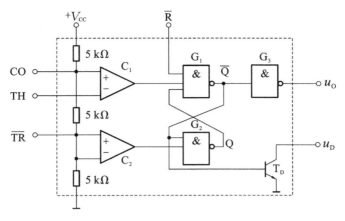

图 6-2 双极型 555 定时器的电路结构

上述电路结构图中各外部引脚的说明如下：$+V_{CC}$ 是外加电压端，CO 是电压控制端，TH 是高电平触发端，$\overline{TR}$ 是低电平触发端，$\overline{R}$ 是复位端，u_D 是放电端，u_O 是输出端。

该电路的工作原理如下。

当第 5 引脚 CO 端悬空时，比较器 C_1 和 C_2 的比较电压分别为 $\frac{2}{3}V_{CC}$ 和 $\frac{1}{3}V_{CC}$。

（1）当 $\overline{R}=0$ 时，$\overline{Q}=1$，$u_O=0$，T_D 饱和导通。

（2）当 $\overline{R}=1$ 时，有：

① 如果 $U_{TH}>\frac{2}{3}V_{CC}$、$U_{\overline{TR}}>\frac{1}{3}V_{CC}$，则 $C_1=0$、$C_2=1$，$Q=0$、$\overline{Q}=1$，$u_O=0$，T_D 饱和导通；

② 如果 $U_{TH}<\frac{2}{3}V_{CC}$、$U_{\overline{TR}}<\frac{1}{3}V_{CC}$，则 $C_1=1$、$C_2=0$，$Q=1$、$\overline{Q}=0$，$u_O=1$，T_D 截止；

③ 如果 $U_{TH}<\frac{2}{3}V_{CC}$、$U_{\overline{TR}}>\frac{1}{3}V_{CC}$，则 $C_1=1$、$C_2=1$，Q、$\overline{Q}$ 不变，u_O 输出不变，T_D 状态不变。

 ## 6.1 多谐振荡器

多谐振荡器是一种自激振荡器，它无须外界触发即可产生一定频率和幅值的矩形脉冲或方波。由于方波中含有丰富的谐波分量，故称为多谐振荡器。多谐振荡器一旦起振之后，电路没有稳态，只有两个暂稳态，它们交替变化，输出连续的矩形脉冲信号，因此它又称为无稳态电路，常用做脉冲信号源。

6.1.1 由门电路构成的多谐振荡器

1. 电路结构及工作原理

由门电路构成的多谐振荡器电路由两个 TTL 反相器经电容交叉耦合而成，如图 6-3 所示。

通常令 $C_1=C_2=C$，$R_1=R_2=R_F$。为了使静态时反相器工作在转折区，具有较强的放大能力，应满足 $R_{OFF}<R_F<R_{ON}$ 的条件。

该电路的具体工作过程如下。

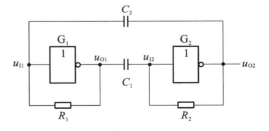

图 6-3 由门电路构成的多谐振荡器

假定接通电源后,由于某种原因使 u_{I1} 有微小正跳变,则必然会引起如图 6-4 所示的正反馈过程。该反馈过程使 u_{O1} 迅速跳变为低电平 U_{OL} 且使 u_{O2} 迅速跳变为高电平 U_{OH},电路进入第一暂稳态。

此后,u_{O2} 的高电平对电容 C_1 充电使 u_{I2} 升高,电容 C_2 放电使 u_{I1} 降低。由于充电时间常数小于放电时间常数,所以充电速度较快,u_{I2} 首先上升到 G_2 的阈值电压 U_{TH},并引起如图 6-5 所示的正反馈过程。该反馈过程使 u_{O2} 迅速跳变为低电平且使 u_{O1} 迅速跳变为高电平,电路进入第二暂稳态。

此后,C_1 放电、C_2 充电,C_2 充电使 u_{I1} 上升,则引起又一次正反馈过程,电路又回到第一暂稳态。

这样周而复始,使电路不停地在两个暂稳态之间振荡,从而在输出端产生了矩形脉冲。电路中各点电压波形图如图 6-6 所示。

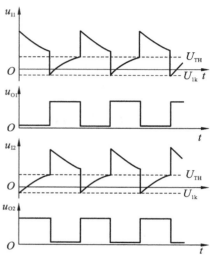

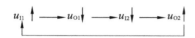

图 6-4 u_{I1} 微小跳变引起的正反馈过程

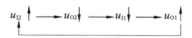

图 6-5 u_{I2} 上升引起的正反馈过程

图 6-6 电路中各点电压波形图

2. 振荡周期的计算

从上面的分析可以看到,第一暂稳态的持续时间 T_1 等于 u_{I2} 从 C_1 开始充电上升到 U_{TH} 的时间,第二暂稳态的持续时间 T_2 等于 u_{I2} 从 C_2 开始放电到 U_{TH} 的时间,总的周期即为 $T_1 + T_2$ 的值。

考虑到 TTL 门电路输入端反向钳位二极管的影响,在 u_{I2} 产生负跳变时只能下跳至输入端负的钳位电压 u_{Ik},所以 C_1 充电的起始值为 $u_{I2}(0) = u_{Ik}$。假设 $U_{OL} = 0$,则 C_1 上的电压 u_{C1} 也就是 u_{I2}。于是得到 $u_{C1}(0) = u_{Ik}$,$u_{C1}(\infty) = V_{DD}$(峰值电压),$\tau = RC$,转换电压为 U_{TH},根据 RC 电路过渡过程的分析可知,T_1 为

$$T_1 = RC\ln\frac{V_{DD}}{V_{DD} - U_{TH}}$$

同理,C_2 放电起始值 $u_{I2}(0) = V_{DD}$,终值 $u_{C2}(\infty) = 0$ V,$\tau = RC$,则

$$T_2 = RC\ln\frac{V_{DD}}{U_{TH}}$$

所以,有

$$T = T_1 + T_2 = RC\ln\left[\frac{V_{DD}^2}{(V_{DD} - U_{TH}) \cdot U_{TH}}\right]$$

将 $U_{TH} = V_{DD}/2$ 代入上式,有

$$T = RC\ln4 \approx 1.4RC$$

6.1.2 由 555 定时器构成的多谐振荡器

555 定时器电路为数字-模拟混合集成电路,它可产生精确的时间延迟和振荡,因此在波形的产生与变换、测量与控制、家用电器、电子玩具等领域中都得到了广泛应用。下面介绍由 555 定时器构成的多谐振荡器的电路结构及其工作原理。

由 555 定时器构成的多谐振荡电路结构图如图 6-7 所示,在此电路中,定时元件除电容 C 外,还有两个电阻 R_1 和 R_2,它们串联在一起,C 和 R_2 连接到两个比较器 C_1 和 C_2 的输入端 TH 和 $\overline{\text{TR}}$,R_1 和 R_1 连接到放电管 T_D 的输出端 $\overline{Q}$。

该电路的工作原理如下。

接通 V_{CC} 后,经 R_1 和 R_2 对 C 充电。当 u_C 上升到 $\frac{2}{3}V_{CC}$ 时,$u_O = 0$,T_D 导通,C 通过 R_2 和 T_D 放电,u_C 下降。当 u_C 下降到 $\frac{1}{3}V_{CC}$ 时,u_O 又由 0 变为 1,T_D 截止,V_{CC} 经 R_1 和 R_2 对 C 充电。如此重复上述过程,在输出端 u_O 产生了连续的矩形脉冲。

其具体的工作过程如下。

(1) 起始状态。

(2) C 充电,形成暂稳态"1"。

(3) 自动翻转,放电,形成暂稳态"2"。

(4) 自动翻转,充电,形成暂稳态"1"。

多谐振荡器工作波形如图 6-8 所示。

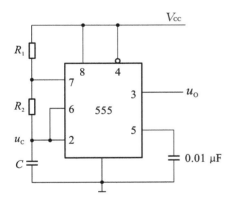

图 6-7　555 定时器构成的多谐振荡器电路结构图　　　　图 6-8　多谐振荡器工作波形

第一暂稳态的脉冲宽度 T_1,u_C 从 $\frac{1}{3}V_{CC}$ 充电上升到 $\frac{2}{3}V_{CC}$ 所需的时间如下。

$$T_1 = (R_1 + R_2)C \ln \frac{V_{CC} - \frac{1}{3}V_{CC}}{V_{CC} - \frac{2}{3}V_{CC}} \approx 0.7(R_1 + R_2)C$$

第二暂稳态的脉冲宽度 T_2,u_C 从 $\frac{2}{3}V_{CC}$ 充电下降到 $\frac{1}{3}V_{CC}$ 所需的时间如下。

$$T_2 = R_2 C \ln \frac{\frac{2}{3}V_{CC}}{\frac{1}{3}V_{CC}} \approx 0.7 R_2 C$$

因此,振荡周期为 $T=T_1+T_2\approx0.7(R_1+2R_2)C$

占空比为 $Q=T_1/T=(R_1+R_2)/(2R_2+R_1)$

6.1.3 多谐振荡器的应用

在数字系统中,矩形脉冲信号常作为时钟信号来控制和协调系统的工作,因此可以用多谐振荡器来产生秒信号,但由于前面所介绍的多谐振荡器都存在振荡频率不稳定,以及容易受温度、电源电压波动和 RC 参数误差的影响,因此,需要采用频率稳定性很高的石英晶体多谐振荡器。

石英晶体具有很好的选频特性,当振荡信号的频率和石英晶体的固有谐振频率 f_0 相同时,石英晶体呈现很低的阻抗,信号最容易通过,衰减最少,而其他频率的信号则被衰减掉。因此,将石英晶体串接在多谐振荡器的回路中就构成了石英晶体多谐振荡器,如图 6-9 所示。此时,振荡频率只取决于石英晶体的固有谐振频率 f_0,而与 RC 无关。

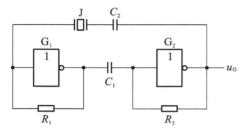

图 6-9 石英晶体多谐振荡器

目前,家用电子钟基本都采用具有石英晶体振荡器的秒信号发生器,由于它的频率稳定性高,所以走时很准,通常选择振荡频率为 32 768 Hz 的石英晶体振荡器作为秒发生器,因为 $32\ 768=2^{15}$,将 32 768 Hz 进行 15 次二分频,即可得到 1 Hz 的时钟脉冲信号作为计时标准,其电路结构如图 6-10 所示。

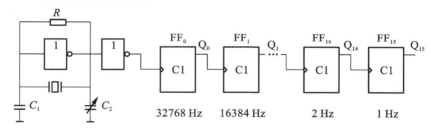

图 6-10 秒信号发生器

6.2 单稳态触发器

在前面的章节中介绍过的锁存器和触发器都有两个稳定状态,在数字电路中还有一种常见的脉冲整形电路只有一种稳定状态,称为单稳态触发器。其主要特点如下。

(1)它有一个稳定状态和一个暂稳状态。

(2)接通电源后,电路出现稳态,在外来触发脉冲的作用下,能够由稳定状态翻转到暂稳状态。

(3)暂稳状态维持一段时间后,将自动返回到稳定状态。暂稳态时间的长短,与触发脉冲无关,仅取决于电路本身的参数。

6.2.1 由门电路构成的单稳态触发器

单稳态触发器的暂稳态是靠 RC 电路的充放电过程来维持的,因此根据 RC 电路的连接方法的不同可以分为微分型单稳态触发器和积分型单稳态触发器两种,而由于积分型单稳态触发器没有正反馈环节,产生的波形不理想,故本节只介绍微分型单稳态触发器。

由门电路构成的微分型单稳态触发器如图 6-11 所示,该电路由与非门和 RC 微分电路构成。其中,两个与非门首尾相接交叉耦合,RC 为定时元件。

微分型单稳态触发器的工作原理如下。

为讨论方便,假设 CMOS 门的 $U_{OL}=0$,$U_{OH}=V_{DD}$,$U_{TH}=V_{DD}/2$。

(1)没有触发信号即输入信号 u_I 为 0 时,电路处于稳态。则 $u_{I2}=V_{DD}$,$u_O=U_{OL}=0$,$u_{O1}=U_{OH}=V_{DD}$,电容 C 上没有电压。

(2)外加触发信号,电路翻转到暂稳态。当 u_I 产生正跳变时,u_{O1} 产生负跳变,经过电容 C 耦合,使 u_{I2} 产生负跳变,G_2 输出 u_O 产生正跳变;u_O 的正跳变反馈到 G_1 的输入端,从而导致如下正反馈过程,如图 6-12 所示。

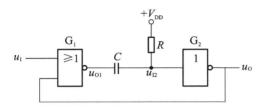

图 6-11 微分型单稳态触发器

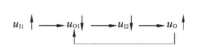

图 6-12 u_I 正跳变引起的正反馈过程

该正反馈过程使电路迅速变为 G_1 导通、G_2 截止的状态,此时,电路处于 $u_{O1}=U_{OL}$,$u_O=u_{O2}=U_{OH}$ 的状态。然而这一状态是不能长久保持的,故称为暂稳态。此时 $u_{O1}=0$,$u_O=V_{DD}$。

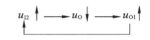

图 6-13 u_{I2} 上升引起的正反馈过程

(3)电容 C 充电,电路由暂稳态自动返回稳态。在暂稳态期间,V_{DD} 经 R 对 C 充电,使 u_{I2} 上升。当 u_{I2} 上升达到 G_2 的 U_{TH} 时,电路会发生如下正反馈过程,如图 6-13 所示。

该正反馈过程使电路迅速由暂稳态返回稳态,$u_{O1}=U_{OH}$、$u_O=u_{O2}=U_{OL}$。从暂稳态自动返回稳态之后,电容 C 将通过电阻 R 放电,使电容上的电压恢复到稳态时的初始值。

通过以上分析,画出电路中各点电压的波形图如图 6-14 所示。

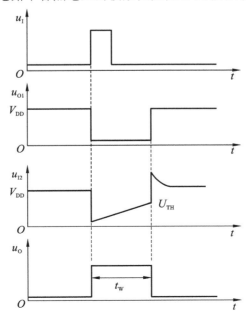

图 6-14 单稳态触发器的工作波形图

单稳态触发器中常用的几个参数包括输出脉冲宽度 t_w、恢复时间 t_{re}、最小工作周期 T_{min}（或最高工作频率 f_{max}）。具体介绍如下。

（1）输出脉冲宽度 t_w：是指暂稳态的维持时间，也就是 u_{I2} 从 0 V 上升到 U_{TH} 所需要的时间。根据 RC 电路过渡过程的分析，可知

$$t = RC\ln\frac{u_C(\infty) - u_C(0)}{u_C(\infty) - U_{TH}}$$

将 $u_C(0) = 0$、$u_C(\infty) = V_{DD}$ 代入上式，得

$$t_w = RC\ln\frac{V_{DD} - 0}{V_{DD} - U_{TH}} = RC\ln 2 = 0.69RC$$

（2）恢复时间 t_{re}：是指暂稳态结束后，电路需要一段时间恢复到初始状态。一般恢复时间 t_{re} 为 3～5 倍放电时间常数（通常放电时间常数远小于 RC）。

（3）最小工作周期 T_{min}（或最高工作频率 f_{max}）：设触发信号的时间间隔为 T，为了使单稳态触发器能够正常工作，应当满足 $T > t_w + t_{re}$ 的条件，即 $T_{min} = t_w + t_{re}$。因此，单稳态触发器的最高工作频率为 $f_{max} = 1/T_{min} = 1/(t_w + t_{re})$。

6.2.2 由 555 定时器构成的单稳态触发器

1. 电路结构

由 555 定时器构成的单稳态触发器电路结构图如图 6-15 所示，电路中 R、C 为单稳态触

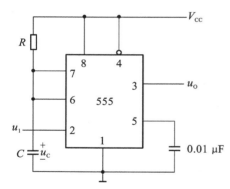

图 6-15 由 555 定时器构成的单稳态触发器

发器的定时元件，其连接点的信号 u_C 加到阈值输入 TH（6 脚）和放电管 T_D 的集电极 u_D（7 脚）。复位输入端 $\overline{R}$（4 脚）接高电平 V_{CC}，即不允许其复位；控制端 CO（5 脚）通过电容 0.01 μF 接地，以保证 555 定时器上下比较器的参考电压为 $\frac{2}{3}V_{CC}$、$\frac{1}{3}V_{CC}$ 不变。输出端可得到此单稳态的输出信号 u_O。

2. 工作原理

1）无触发信号输入时

当电路无触发信号 u_I 时，u_I 保持高电平，若 555 定时器内部基本 RS 触发器的初态为 0，$u_D = 1$，放电管 T_D 饱和导通，定时电容 C 上即使原先有电荷，也会经放电管 T_D 消耗掉，因此 u_C 为 0，此时比较器 C_2 输出 u_{C2} 为 1，比较器 C_1 输出 u_{C1} 为 1，则 555 定时器内部 RS 触发器可维持 0 状态不变；若电源 V_{CC} 接通瞬间，RS 触发器为 1，u_D 为 0，放电管 T_D 处于截止状态，电源 V_{CC} 经电阻 R 向电容 C 充电，u_C 电压因充电而上升，当 u_C 上升到 $\frac{2}{3}V_{CC}$ 时，比较器 C_1 输出 u_{C1} 为 0，比较器 C_2 的输出 u_{C2} 为 1，555 定时器内部的触发器就会产生由 1 到 0 的跳变，其输出也由 1 变 0，使放电管 T_D 饱和导通，电容 C 上的电荷会通过 T_D 释放，u_C 逐渐降低最后变成 0，于是电路进入稳定状态，输出 u_O 为低电平。由以上分析可知，接通电源后，不管起始状态如何，最终触发器处于稳态 $u_O = 0$。

2）外触发信号输入时

当外触发脉冲 u_I 下降沿到达时，u_I 低于 $\frac{1}{3}V_{CC}$，因此比较器 C_2 的输出 u_{C2} 为 0，此时 u_C

仍为 0，u_{C1} 为 1，因此基本 RS 触发器由 0 翻转为 1，输出 u_O 由低电平变高电平。同时放电管 T_D 截止，电路入暂稳态；由于 T_D 管截止电容 C 开始充电，充电时间常数 $\tau = RC$，当电容 C 的充电电压 u_C 上升到 $\frac{2}{3}V_{CC}$ 时，比较器 C_1 输出 u_{C1} 为 0，比较器 C_2 输出 u_{C2} 为 1，所以 555 内部 RS 触发器就会置 0，输出 u_O 由高电平变为低电平，放电管 T_D 饱和导通，电容 C 上的电荷会通过 T_D 释放，u_C 电压逐渐降低最后变成 0，于是电路回到稳定状态，输出 u_O 为低电平。电路中 u_I、u_C 和 u_O 的波形变化如图 6-16 所示。

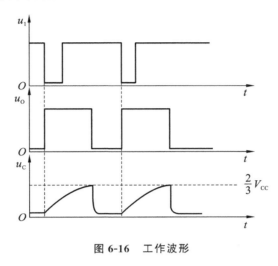

图 6-16 工作波形

3. 输出脉冲宽度 t_w

t_w 是 u_C 从 0 V 上升到 $\frac{2}{3}V_{CC}$ 时所需的时间。因此，可得

$$t_w = RC\ln\frac{V_{CC}-0}{V_{CC}-\frac{2}{3}V_{CC}} = RC\ln3 = 1.1RC$$

一般 R 为几百欧姆到几兆欧姆之间，C 为几百皮法到几百微法之间，t_w 的范围为几秒到几分钟。值得注意的是随着 t_w 的宽度增加，精度和稳定性将会降低。

6.2.3 单稳态触发器的应用

单稳态触发器是常用的基本单元电路，通常可用作脉冲波形的整形、定时和延时。

1. 定时和延时

定时是指产生一定宽度的矩形波，延时是把输入信号延迟一定时间后输出。由于单稳态触发器能产生一个 t_w 宽度的矩形输出脉冲，因此利用它可起到起定时和延时控制作用。如图 6-17(a)所示为单稳态触发器用于定时电路的结构示意图，图中利用单稳态发器的正脉冲去控制一个与门，在输出脉冲宽度为 t_w 这段时间内能让频率很高的 u_A 脉冲信号通过，否则，u_A 就会被单稳态输出的低电平所禁止，如图 6-17(b)所示。另外，利用单稳态触发器的输出脉冲宽度 t_w 可将输入信号 u_I 的下降沿延时 t_w 这段时间，这个延时作用可用于信号传输的时间配合上。

2. 整形

整形是指把不规则的波形转换成宽度、幅度都相等的波形。由于单稳态触发器一经触

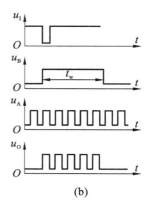

图 6-17　单稳态触发器用于定时

发,其输出电平的高低就不再与输入信号电平的高低有关,因此将输入信号 u_I 的波形加到一个下降沿触发的单稳态触发器,就可得到相应的定宽、定幅的矩形波,如图 6-18 所示,从而起到了对输入信号整形的作用。

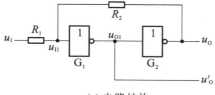
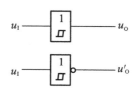

图 6-18　波形的整形

6.3 施密特触发器

施密特触发器是一种双稳态触发器,通常用在波形变换和整形电路中。施密特触发器具有以下几个重要特点。

(1)电路有两种稳定状态,两种稳定状态的维持和转换完全取决于外加触发信号。其触发方式为电平触发。

(2)电压传输特性特殊,电路有两个转换电平:上限触发转换电平 U_{T+} 和下限触发转换电平 U_{T-}。

(3)状态翻转时有正反馈过程,从而输出边沿陡峭的矩形脉冲。

6.3.1 由门电路构成的施密特触发器

1. 电路结构

门电路构成的施密特触发器由两个 CMOS 反相器串联,加上两个分压电阻 R_1 和 R_2 将输出端电压反馈到 G_1 门的输入端构成施密特触发器,如图 6-19 所示。

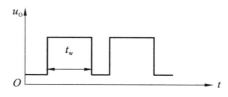

(a)电路结构　　　　　　　　(b)同相和反相输出逻辑信号

图 6-19　用门电路构成的施密特触发器

2. 工作原理

设 CMOS 反相器的阈值电压 $U_{TH}=V_{DD}/2$，$U_{OH}=V_{DD}$，$U_{OL}=0$。

当 $u_I=0$ V 时，G_1 截止、G_2 导通，输出为 U_{OL}，即 $u_O=0$ V。只要满足 $u_{I1}<U_{TH}$，电路就会处于这种状态（第一稳态）。

当 u_I 上升，使得 $u_{I1}=U_{TH}$ 时，电路会产生如下正反馈过程，如图 6-20 所示。

由此，电路会迅速转换为 G_1 导通、G_2 截止，输出为 U_{OH}，即 $u_O=V_{DD}$ 的状态（第二稳态）。此时的 u_I 值称为施密特触发器的上限触发转换电平 U_{T+}。显然，u_I 继续上升，电路的状态不会改变。此时，u_{I1} 由 u_I 单独作用，所以有：

$$u_{I1}=U_{TH}=\frac{R_2}{R_1+R_2}U_{T+}$$

$$U_{T+}=\left(1+\frac{R_1}{R_2}\right)U_{TH}$$

如果 u_I 下降，u_{I1} 也会下降。当 u_{I1} 下降到 U_{TH} 时，电路又会产生以下的正反馈过程，如图 6-21 所示。

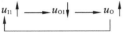

图 6-20 u_I 上升引起的正反馈过程

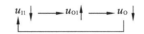

图 6-21 u_{I1} 下降引起的正反馈过程

电路会迅速转换为 G_1 截止、G_2 导通、输出为 U_{OL} 的第一稳态。此时的 u_I 值称为施密特触发器的下限触发转换电平 U_{T-}。u_I 再下降，电路将保持状态不变。此时，u_{I1} 由 u_I 和 u_O 共同作用，所以有：

$$u_{I1}\approx U_{TH}=\frac{R_2}{R_1+R_2}U_{T-}+\frac{R_1}{R_1+R_2}V_{DD}$$

将 $U_{TH}=V_{DD}/2$ 代入上式得：

$$U_{T-}\approx\left(1-\frac{R_1}{R_2}\right)U_{TH}$$

将 U_{T+} 和 U_{T-} 之差 ΔU_T 称为回差电压，又叫滞回电压。因此，由上面的表达式可得

$$\Delta U_T=U_{T+}-U_{T-}\approx2\frac{R_1}{R_2}U_{TH}=\frac{R_1}{R_2}V_{DD}$$

同相输出的施密特触发器的电压传输特性曲线如图 6-22 所示。

6.3.2 由 555 定时器构成的施密特触发器

将 555 定时器的阈值输入端（6 脚）和触发输入端（2 脚）相连接，即构成施密特触发器，电路结构图如图 6-23 所示。

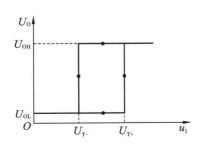

图 6-22 同相输出的施密特触发器的电压传输特性曲线

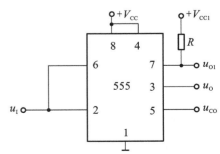

图 6-23 施密特触发器电路结构

其工作原理如下。

输入 u_1 由 0 V 逐渐上升,当 $u_1 < \frac{1}{3}V_{CC}$ 时,比较器 C_1 的输出为 1,比较器 C_2 的输出为 0,因此基本触发器置 1,输出 u_O 为高电平。u_1 继续升高时,在未到达 $\frac{2}{3}V_{CC}$ 以前,输出 u_O 仍为高电平。

u_1 继续升高,一旦 $u_1 \geqslant \frac{2}{3}V_{CC}$ 以后,比较器 C_1 的输出为 0,此时比较器 C_2 的输出为 1,触发器产生跳变,输出 u_O 由高电平跳变为低电平,因此,u_1 由 0 V 开始逐渐上升过程中,转换电平为:$U_{T+} = \frac{2}{3}V_{CC}$。此后,$u_1$ 上升到 V_{CC},然后再降低,但在未到达 $\frac{1}{3}V_{CC}$ 以前,u_O 的状态不会改变。

u_1 下降到 $\frac{1}{3}V_{CC}$ 时,C_1 比较器的输出为 1,C_2 比较器的输出为 0,基本触发器置 1,输出 u_O 为高电平,所以,u_1 由 V_{CC} 开始下降的过程中,转换电平为:$U_{T-} = \frac{1}{3}V_{CC}$。此后,$u_1$ 继续下降到 0,输出 u_O 保持高电平不变。当 u_I 输入为正弦波时,所对应的输出 u_O 波形如图 6-24 所示。

另外,如果在 5 脚上加控制电压 u_{CO} 可以改变 U_{T+}、U_{T-},调节回差电压的大小。在 7 脚外接一个电阻,并与 V_{CC1} 相连。当 $u_O = 1$ 时,$u_{O1} = 0$;当 $u_O = 0$ 时,$u_{O1} = V_{CC1}$,可以实现电平移动。

6.3.3 施密特触发器的应用

施密特触发器通常用在波形变换、整形和鉴幅等电路中,下面就介绍几个典型的应用。

1. 波形变换

利用施密特触发器可将变化缓慢的波形变换成矩形波(如将三角波或正弦波变换成同周期的矩形波)。如图 6-25 所示为将三角波 u_1 转换为矩形波的过程。

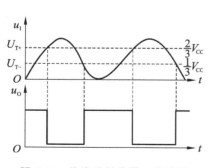

图 6-24 施密特触发器工作波形

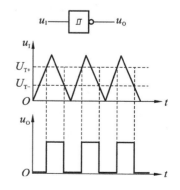

图 6-25 三角波变换成矩形波

通过改变施密特触发器的 U_{T+} 和 U_{T-} 就可以调节输出 u_O 的脉冲宽度。

2. 波形的整形

在数字电路中,矩形脉冲经过传输后往往会发生波形畸变,或者边沿产生振荡等,通过施密特触发器整形,可以获得比较理想的矩形脉冲波形。同时,适当地调节回差,也可以提高电路的抗干扰能力,达到更好的整形效果,如图 6-26 所示的是对边沿产生振荡的信号进行整形的波形。

3. 幅度鉴别

假设有一系列幅度不相等的脉冲信号,如果需要剔除其中幅度不够大的脉冲,可利用施密特触发器构成脉冲鉴别器进行处理。如图 6-27 所示的脉冲鉴幅曲线,只有那些幅度大于 U_{T+} 的脉冲才会在输出端产生输出信号。可见,施密特触发器能将幅度大于 U_{T+} 的脉冲选出,具有脉冲鉴幅的能力。

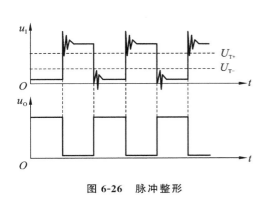

图 6-26　脉冲整形

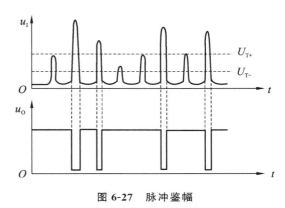

图 6-27　脉冲鉴幅

习　题　6

1. 在什么条件下电路中的正反馈会使电路产生振荡? 在什么条件下电路中的负反馈会使电路产生振荡?

2. 为什么石英晶体能稳定振荡器的振荡频率?

3. 单稳态触发器输出脉冲的宽度(即暂稳态持续时间)由哪些因素决定? 与触发脉冲的宽度和幅度有无关系?

4. 用 555 定时器接成的单稳态触发器电路中,对触发脉冲的幅度有什么要求?

5. 反相输出的施密特触发器的电压传输特性和普通反相器的电压传输特性有什么不同?

6. 若反相输出的施密特触发器输入信号波形如图 6-28 所示,试画出输出信号的波形。施密特触发器的转换电平 U_{T+}、U_{T-} 已在输入波形图上标出。

7. 图 6-29 所示的电路为 CMOS 或非门构成的多谐振荡器,其中 $R_s = 10R$。画出 a、b、c 各点的波形并说明 R_s 的作用。

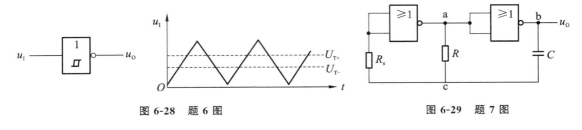

图 6-28　题 6 图　　　　　　　图 6-29　题 7 图

8. 用 555 定时器及电阻 R_1、R_2 和电容 C 构成一个多谐振荡器电路。画出电路,并写出

脉冲周期 T 的计算公式。

9. 由 555 定时器组成的脉冲宽度鉴别电路的输入 u_I 波形如图 6-30 所示。集成施密特电路的 $U_{T+} = 3\ V$, $U_{T-} = 1.6\ V$, 单稳的输出脉宽 t_W 有 $t_1 < t_W < t_2$ 的关系。对应 u_I 画出电路中 B、C、D、E 各点波形。

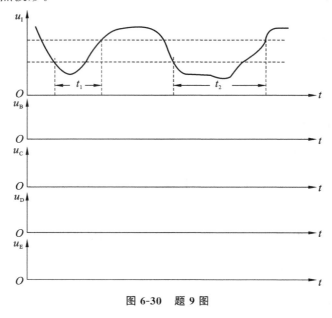

图 6-30　题 9 图

10. 如图 6-31 所示的是由 555 定时器构成的施密特触发器电路。

(1) 在图 6-31(a) 中, 当 $V_{DD} = 15\ V$ 时, 没有外接控制电压, 求 U_{T+}、U_{T-} 及 ΔU_T 各为多少?

(2) 在图 6-31(b) 中, 当 $V_{DD} = 9\ V$ 时, 外接控制电压 $u_{CO} = 5\ V$, 求 U_{T+}、U_{T-} 及 ΔU_T 各为多少?

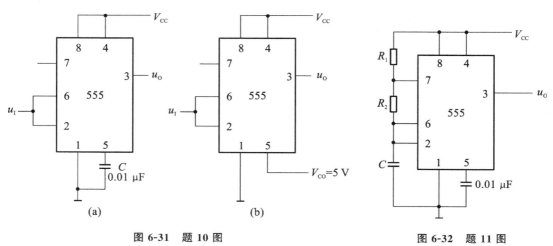

图 6-31　题 10 图　　　　　　　　　　**图 6-32　题 11 图**

11. 在图 6-32 所示的由 555 定时器构成的多谐振荡器中, 若 $R_1 = R_2 = 5.1\ k\Omega$, $C = 0.01\ \mu F$, $V_{CC} = 12\ V$。试求脉冲宽度 t_W、振荡周期 T、振荡频率 f、占空比 q。

12. 在由 CMOS 反相器组成的施密特触发器电路中, 若 $R_1 = 50\ k\Omega$, $R_2 = 100\ k\Omega$,

$V_{DD} = 5$ V, $U_{TH} = V_{DD}/2$, 试求电路的输入转换电平 U_{T+}、U_{T-} 以及回差电压 ΔU_T。

习题 6 答案

1.【答】 电路中的正反馈会使电路产生振荡的条件:利用闭合回路中的正反馈可以产生振荡,但构成振荡器中的反相器必须工作在电压传输特性的转折区。

电路中的负反馈会使电路产生振荡的条件:利用门电路的传输延迟时间将奇数个反相器首尾相接。

2.【答】 当在多谐振荡器电路中接入石英晶体时,振荡器的振荡频率将取决于石英晶体的固有谐振频率 f_0,而与外接电阻、电容无关。固有谐振频率由石英晶体的结晶方向和外形尺寸决定。所以,其频率稳定度极高,石英晶体振荡器的频率稳定度能达到 $10^{-11} \sim 10^{-10}$。

3.【答】 单稳态触发器输出脉冲的宽度(即暂稳态持续时间)的长短取决于电路内部的时间常数,与触发脉冲的宽度和幅度没有关系。

4.【答】 当输入信号 u_1 发生负跳变时,负脉冲电压应低于 555 定时器内比较器 C_2 的基准电压 U_{R2},才能使定时器的输出 u_O 变成高电平,电路进入暂稳态。

5.【答】 反相输出的施密特触发器的电压传输特性和普通反相器的电压传输特性的不同点在于输入信号在上升和下降过程中,电路状态转换时对应的输入电平不同。电路状态转换时有正反馈过程,使输出波形的边沿变得很陡。

6.【解】 输出波形如下。

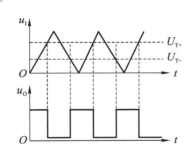

7.【解】 R_s 的作用是增大输入电阻,提高振荡频率的稳定性。

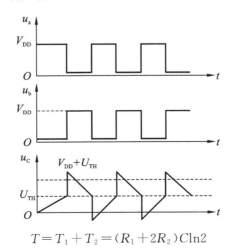

8.【解】 周期 $$T = T_1 + T_2 = (R_1 + 2R_2)C\ln 2$$
其电路如下。

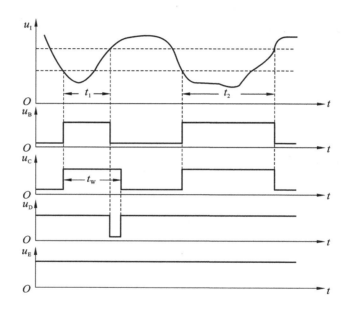

9. 【解】

10. 【解】

（1）当 $V_{DD} = 15$ V 时，有

$$U_{T+} = \frac{2}{3}V_{DD} = 10 \text{ V}, \quad U_{T-} = \frac{1}{3}V_{DD} = 5 \text{ V}, \quad \Delta U_T = U_{T+} - U_{T-} = 5 \text{ V}$$

（2）当 $V_{CO} = 5$ V 时，有

$$U_{T+} = V_{CO} = 5 \text{ V}, \quad U_{T-} = \frac{1}{2}V_{CO} = 2.5 \text{ V}, \quad \Delta U_T = U_{T+} - U_{T-} = 2.5 \text{ V}$$

11. 【解】

$$t_w = T_1 = (R_1 + R_2)C\ln2 = 10.2 \times 10^3 \times 0.01 \times 10^{-6} \times 0.69 \text{ s} \approx 0.07 \text{ ms}$$

$$T = T_1 + T_2 = (R_1 + 2R_2)C\ln2 = 15.3 \times 10^3 \times 0.01 \times 10^{-6} \times 0.69 \text{ s} \approx 0.106 \text{ ms}$$

$$f = \frac{1}{T} = 9.47 \text{ kHz} \qquad q = \frac{T_1}{T} = \frac{R_1 + R_2}{R_1 + 2R_2} = \frac{2}{3} = 66.7\%$$

12. 【解】

$$U_{T+} = \left(1 + \frac{R_1}{R_2}\right)U_{TH} = \left(1 + \frac{50}{100}\right) \times 2.5 \text{ V} = 3.75 \text{ V}$$

$$U_{T-} = \left(1 - \frac{R_1}{R_2}\right)U_{TH} = \left(1 - \frac{50}{100}\right) \times 2.5 \text{ V} = 1.25 \text{ V}$$

$$\Delta U_T = U_{T+} - U_{T-} = 3.75 \text{ V} - 1.25 \text{ V} = 2.5 \text{ V}$$

第7章 数/模与模/数转换电路

数/模和模/数转换电路是数字系统中数字信号与外界模拟信号进行交换的接口电路，它们在数字信号和模拟信号之间起到一种重要的桥梁作用。本章主要介绍常用的数/模和模/数转换电路的基本原理、结构和相应的集成芯片及其典型应用。

教学要求

本章要求掌握常用的数/模和模/数转换电路的基本概念、原理和结构，理解一些常见的集成芯片及其典型应用。

7.1 概述

数字系统只能处理数字信号，但在工业过程控制、智能化仪器仪表和数字通信等领域，数字系统处理的对象往往是模拟信号。如图 7-1 所示的是一个数字控制系统输入/输出信号关系示意图。在生产过程中，通常是对温度、压力、光强、流量等物理量进行控制，而这些模拟信号必须转换成数字信号才能由数字系统进行加工、运算和处理。另一方面，数字系统输出的数字信号，有时又必须转换成模拟信号才能去控制执行单元，通过执行单元对被控对象进行调节。因此，在实际应用中，数/模和模/数转换电路是数字系统中数字信号与外界模拟信号进行交换的接口电路，必须解决模拟信号与数字信号之间的转换问题。

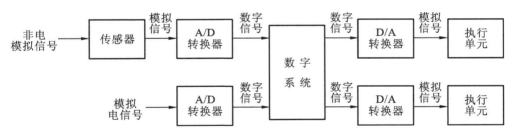

图 7-1　数字控制系统信号关系图

把数字信号转换成模拟信号的器件称为数/模转换器，简称 D/A 转换器或 DAC(digital to analog converter)；把模拟信号转换成数字信号的器件称为模/数转换器，简称 A/D 转换器或 ADC(analog to digital converter)。

7.1.1 转换关系和量化编码

1. 转换关系

理想的 ADC 和 DAC 的输入/输出转换关系如图 7-2 所示。无论是 ADC，还是 DAC，其输出与输入之间都呈正比例关系。DAC 将输入数字量转换为相应的离散模拟值；ADC 将连续的输入模拟量转换为相应的数字量。

任何 ADC 和 DAC 的转换结果都是与其数字编码形式密切相关的。图 7-2 中的转换器采用的是自然二进制码，这在转换器中称为单极性码。在转换器的应用中，通常将数字量表示为满刻度（也称满量程）模拟值的一个分数值，称为归一化表示法。例如，在图 7-2(a)中，数字 111 经 DAC 转换为 $\frac{7}{8}$FSR（FSR 为满刻度值的英文字头错写），数字 001 转换为 $\frac{1}{8}$ FSR。数字的最低有效位为 1，并且仅该位为 1 时所对应的模拟值常用 LSB(least significant bit)表示，其值为 $\frac{1}{2^n}$FSR，其中，n 为转换器的位数。

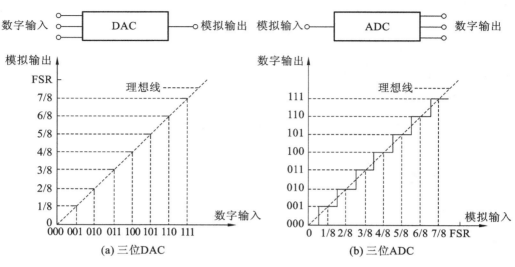

图 7-2　二进制码的三位转换关系

2. 量化

ADC 要把模拟量转换为数字量，必须经过量化过程。所谓量化，就是以一定的量化单位，把数值上连续的模拟量通过量化装置转变为数值上离散的阶跃量的过程。例如，用天平称量重物就是量化过程。这里，天平为量化装置，物重为模拟量，最小砝码的质量为量化单位，平衡时砝码的读数为阶跃量（数字量）。

很显然，只有当输入的模拟量数值正好等于量化单位的整数倍时，量化后的数字量才是准确值。否则，量化结果只能是输入模拟量的近似值。这种由于量化而引起的误差称之为 ADC 的量化误差。例如，在图 7-2(b)中，输入在 $\frac{1}{8}\pm\frac{LSB}{2}$ 之间的模拟值都转换为数字 001，输入在 $\frac{7}{8}\pm\frac{LSB}{2}$ 之间的模拟值都转换为数字 111。理想的 ADC，其量化误差为 $\pm\frac{LSB}{2}$。量化误差是由于量化单位的有限造成的，所以它是原理性误差，只能减小，而无法根本消除。为减小量化误差，只能采用更小的量化单位（即增加 ADC 的位数，相应会提高硬件成本）。

3. 数字编码

所谓数字编码，就是把量化后的数值用二进制代码表示。对于一个无极性的信号，二进制代码所有数位均为数值位，则该数为无符号数。

转换器还经常使用双极性码。双极性码可用于表示模拟信号的幅值和极性，适用于具有正负极性的模拟信号的转换。常用的双极性码有原码、反码、补码和偏移码，如表 7-1 所示。偏移码是由二进制码经过偏移而得到的一种双极性码。偏移可直接由补码导出，补码的符号位取反即为偏移码。在转换器的应用中，偏移码是最易实现的一种双极性码。如图 7-3 所示为采用偏移码的三位转换器的理想输入/输出转换图。这种转换也称为两象限转换。

表 7-1　常用的双极性码表（三位）

十进制分数	原码	反码	补码	偏移码
3/4	011	011	011	111
2/4	010	010	010	110
1/4	001	001	001	101
0	000	000	000	100
−1/4	101	110	111	011
−2/4	110	101	110	010
−3/4	111	100	101	001
−4/4			100	000

在图 7-3 中,因为三位偏移码的最高位都表示了模拟信号的正负,因此,满刻度模拟值被划分成 $+\frac{1}{2}$FSR 和 $-\frac{1}{2}$FSR 两部分。这里,数字量所表示的模拟值被减小了 $\frac{1}{2}$。例如:数字输入 000 转换为模拟值 $-\frac{1}{2}$FSR,数字输入 011 转换为模拟值 $-\frac{1}{8}$FSR,数字输入 100 转换为模拟值 0,数字输入 111 转换为模拟值 $\frac{3}{8}$FSR,该值是转换器可以转换的最大正模拟值。

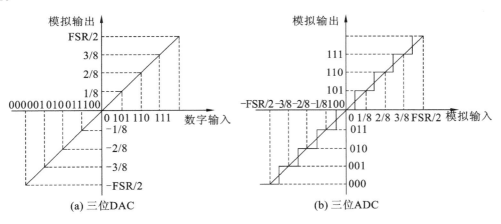

(a) 三位DAC　　　　　　　(b) 三位ADC

图 7-3　双极性码的三位转换关系

7.1.2　主要技术指标

1. 分辨率和转换精度

分辨率是转换器分辨模拟信号的灵敏度,它与转换器的位数和满刻度值相关。n 位转换器的分辨率一般表示如下。

$$分辨率 = \frac{1}{2^n - 1}$$

例如,5G7520 是 10 位的 D/A 转换器,其分辨率如下。

$$\frac{1}{2^{10} - 1} = \frac{1}{1023} \approx 0.000\ 978$$

有时也用常用位数来表示转换器的分辨率。

转换精度一般用转换器的最大转换误差与满刻度模拟器之比的百分数来表示。分辨率是理想状态的技术指标,而转换精度则是实际性能指标。

2. 转换误差

选择转换器完成实际应用的需要,具有决定意义的因素之一是转换精度指标,而转换器的转换精度是由各项转换误差综合决定的。

1）DAC 的转换误差

（1）失调误差。

失调误差又称为零点误差,它的定义是:当数字输入全为 0 时,其模拟输出值与理想输出值的偏差值。对于单极性 DAC,模拟输出的理想值为零点;对于双极性 DAC,模拟输出的理想值为负域满刻度。偏差值大小一般用 LSB 的分数或用偏差值相对满刻度的百分数来表示。

（2）增益误差。

DAC 的输入与输出传递特性曲线的斜率称为 D/A 转换器增益或标度系数,实际转换的增益与理想增益之间的偏差称为增益误差。增益误差在消除失调误差后,采用满码（全1）输入时,其实际输出值与理想输出值（最大值）之间的偏差表示,一般也用 LSB 的分数或用偏差值相对满刻度的百分数来表示。

（3）非线性误差。

DAC 的非线性误差的定义为实际转换特性曲线与理想转换特性曲线之间的最大偏差,并以该偏差相对于满刻度的百分数来度量。非线性误差不可调整。

失调误差和增益误差可通过调整使它们在某一温度的初始值为零,但受温度系数的影响,仍存在相应的温漂失调误差和增益误差。DAC 的最大转换误差为失调误差、增益误差和非线性误差之和。

2）ADC 的转换误差

ADC 也存在失调误差、增益误差和非线性误差,除此之外,还有前面提到的量化误差。ADC 的最大转换误差为量化误差、失调误差、增益误差和非线性误差之和。

转换误差可用输出电压满刻度值的百分数表示,也可用 LSB 的倍数表示。例如,转换误差为 $\frac{1}{2}$LSB。

3. 转换速率

DAC 和 ADC 的转换速率常用转换时间来描述,大多数情况下,转换速率是转换时间的倒数。DAC 的转换时间是由其建立时间决定的,建立时间通常由手册给出。ADC 的转换时间规定为转换器完成一次转换所需要的时间,也即从转换开始到转换结束的时间,其转换速率主要取决于转换电路的类型。

7.2 D/A 转换器

D/A 转换器（DAC）是将数字信号转换为模拟信号的器件。

7.2.1 D/A 转换器的基本原理

众所周知,数字量是由数字字符按位组合形成的一组代码,每位字符有一定的"权",将数字量转换成模拟量的基本原理是：首先把数字量的每一位代码按其权的大小依次转换成相应的模拟量，然后将代表各位数字量的模拟量相加，便可得到与数字量对应的模拟量。

7.2.2 D/A 转换器的构成

D/A 转换器主要由数字寄存器、模拟电子开关、解码网络、求和电路和基准电压 U_{REF} 组成，如图 7-4 所示。其中，数字寄存器用于存放 n 位数字量，寄存器输出的每位数据分别控制相应位的模拟电子开关，使之在解码网络中获得与该位数据权值对应的模拟量送至求和电路，求和电路将各位权值对应的模拟量相加，便可得到与 n 位数字量对应的模拟量。

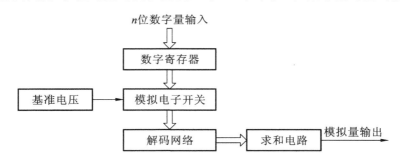

图 7-4　n 位 D/A 转换器的结构框图

根据电阻网络的结构形式，D/A 转换器可以分为：T 形电阻网络 DAC 和倒 T 形电阻网络 DAC，下面分别对它们进行详细介绍。

1. T 形电阻网络 DAC

如图 7-5 所示的是 4 位 T 形电阻网络 DAC 的原理图，该电路由以下四部分构成。

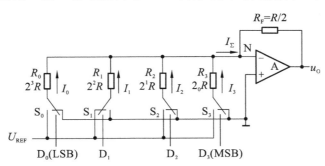

图 7-5　4 位 T 形电阻网络 DAC 电路原理图

1）模拟电子开关

每一个电阻都有一个单刀双掷的模拟开关与其串联，4 个模拟开关的状态分别由 4 位二进制数码控制。当 $D_i = 0$ 时，开关 S_i 打到右边，使电阻 R_i 接地；当 $D_i = 1$ 时，开关 S_i 打到左边，使电阻 R_i 接基准电压 U_{REF}。

2）解码网络

该电阻解码网络由四个电阻构成，它们的阻值满足以下关系。

$$R_i = 2^{n-1-i}R$$

式中：n 为输入二进制数的位数；R_i 为与二进制数 D_i 位相对应的电阻值；2^i 则为 D_i 位的权值，二进制数的某一位所对应的电阻的大小与该位的权值成反比，这就是权电阻网络名称的由来。

例如：$\qquad R_3 = 2^{n-1-i}R = 2^{4-1-3}R = 2^0 R, \qquad R_0 = 2^{4-1-0}R = 2^3 R$

由此可看出，权值大的位电阻小，所以流过的电流大；权值小的位电阻大，所以流过的电流小。由最高位到最低位,每一位的电阻值是相邻位的 2 倍,使各支路电流 I 逐位递减 $\frac{1}{2}$。

3）基准电压 U_{REF}

U_{REF} 作为 A/D 转换的参考值,要求其准确度高、稳定性好。

4）求和电路

求和电路通常由运算放大器构成,并接成反相放大器的形式。

将运算放大器近似看成是理想的放大器,由于 N 点为虚地,当 $D_i = 0$ 时,相应的电阻 R_i 上没有电流;当 $D_i = 1$ 时,电阻 R_i 上有电流流过,大小为 $I_i = U_{REF}/R_i$。根据叠加原理,对于任意输入的一个二进制 $(D_3 D_2 D_1 D_0)_2$,应有:

$$I_\Sigma = D_3 I_3 + D_2 I_2 + D_1 I_1 + D_0 I_0$$

$$= D_3 \frac{U_{REF}}{R_5} + D_2 \frac{U_{REF}}{R_2} + D_1 \frac{U_{REF}}{R_1} + D_0 \frac{U_{REF}}{R_0}$$

$$= D_3 \frac{U_{REF}}{2^{3-3} R} + D_2 \frac{U_{REF}}{2^{3-2} R} + D_2 \frac{U_{REF}}{2^{3-1} R} + D_0 \frac{U_{REF}}{2^{3-0} R}$$

$$= \frac{U_{REF}}{2^3 R} \sum_{i=0}^{3} D_i \times 2^i$$

求和电路的反馈电阻 $R_F = R/2$,则输出电压 u_O 为:

$$u_O = -I_\Sigma R_F = -\frac{U_{REF}}{2^4} \sum_{i=0}^{3} D_i \times 2^i$$

推广到 n 位 T 形电阻网络 DAC 电路,可得:

$$u_O = -\frac{U_{REF}}{2^n} \sum_{i=0}^{3} D_i \times 2^i$$

由上式可以看出,权电阻网络 DAC 电路的输出电压和输入数字量之间的关系与前面的描述完全一致,即输出电压与基准电压的极性相反。

T 形电阻网络 DAC 电路的优缺点如下。

（1）优点:结构简单,所用电阻的数量比较少。

（2）缺点:电阻的取值范围太大,这个问题在输入数字量的位数较多时尤其突出。

例如,当输入数字量的位数为 12 位时,最大电阻与最小电阻之间的比例达到 2048:1,要在如此大的范围内保证电阻的精度,对于集成 DAC 的制造来说是十分困难的。

2. 倒 T 形电阻网络 DAC

如图 7-6 所示的是 4 位倒 T 形电阻网络 DAC 的原理图。它由模拟电子开关(S_0、S_1、S_2 和 S_3)、解码网络、基准电压 U_{REF} 和求和电路四部分构成。

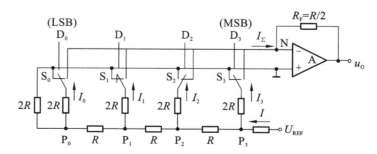

图 7-6　4 位倒 T 形电阻网络 DAC 的原理图

倒 T 形电阻网络 DAC 电路的特点如下。

(1) 电阻网络呈倒 T 形分布。

(2) 倒 T 形电阻网络 DAC 电路中,模拟开关位于电阻网络和求和放大器之间,并在求和放大器的虚地 N 和地之间切换。当 $D_i=1$ 时,S_i 接虚地;当 $D_i=0$ 时,S_i 接地。

根据叠加原理,对于任意输入的一个二进制数 $D_3 D_2 D_1 D_0$,流向求和放大器的电流 $I_{\sum}$ 应为

$$I_{\sum} = I_0 + I_1 + I_2 + I_3$$
$$= \frac{1}{2^4} \frac{U_{REF}}{R}(D_0 \times 2^0 + D_1 \times 2^1 + D_2 \times 2^2 + D_3 \times 2^3)$$
$$= \frac{1}{2^4} \frac{U_{REF}}{R} \sum_{i=0}^{3} D_i \times 2^i$$

求和放大器的反馈电阻 $R_F = R$,则输出电压 u_O 为

$$u_O = -I_{\sum} R_F = -\frac{U_{REF}}{2^4} \sum_{i=0}^{3} D_i \times 2^i$$

倒 T 形电阻网络 DAC 电路的突出优点在于:无论输入信号如何变化,流过基准电压源、模拟开关以及各电阻支路的电流均保持恒定,电路中各节点的电压也保持不变,这有利于提高 DAC 的转换速度。

倒 T 形电阻网络 DAC 电路只有两种电阻值,非常便于集成,它是目前集成 DAC 中应用最多的转换电路之一。

7.2.3 集成 D/A 转换器及其应用

1. 典型芯片 DAC0832

1) DAC0832 的特性

DAC0832 芯片是一个 8 位 DAC,它能直接与 51 系列单片机连接,其主要特性如下。

(1) 分辨率为 8 位,电流输出。

(2) 建立时间为 1 μs。

(3) 可双缓冲输入、单缓冲输入或直接数字输入。

(4) 单一电源供电,$+5\text{ V} \sim +15\text{ V}$。

(5) 低功耗,20 mW。

2) DAC0832 的引脚及逻辑结构

DAC0832 的引脚如图 7-7 所示,DAC0832 的逻辑结构如图 7-8 所示。

图 7-7　DAC0832 的引脚图

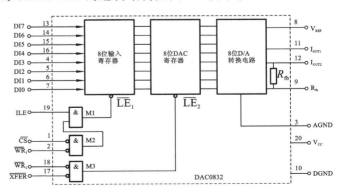

图 7-8　DAC0832 的逻辑结构

(1) DAC0832 中各引脚的功能如下。

● DI7～DI0：数字信号输入端,通常与单片机的数据线相连。

● $\overline{\text{CS}}$:片选端,$\overline{\text{CS}}=0$ 时,芯片被选中。

● ILE:数据锁存允许控制端,高电平有效。

● $\overline{\text{WR}}_1$:输入寄存器写选通控制端,低电平有效。

● $\overline{\text{XFER}}$:数据传送控制端,低电平有效。

● $\overline{\text{WR}}_2$:DAC 寄存器写选通控制端,低电平有效。

● I_{OUT1}:D/A 转换器电流输出端 1,输入数字量全为 1 时,I_{OUT1} 最大,输入数字量全为 0 时,I_{OUT1} 最小。

● I_{OUT2}:D/A 转换器电流输出端 2,$\text{I}_{\text{OUT1}}+\text{I}_{\text{OUT2}}=$ 常数。

● R_{fb}:外部反馈信号输入端,内部已有反馈电阻 R_{fb},根据需要也可外接反馈电阻。

● V_{CC}:电源输入端,输入电压值应在 +5 V～+15 V 范围内。

● DGND:数字信号地。

● AGND:模拟信号地,最好与基准电压共地。

(2) DAC0832 的内部逻辑结构。

DAC0832 的内部逻辑结构由 3 部分电路组成,如图 7-8 所示。

① 8 位输入寄存器　用于存放单片机送来的数字量,使输入数字量得到缓冲和锁存,由 LE_1 加以控制;当 ILE=1 时,$\overline{\text{CS}}=\overline{\text{WR}}_1=0$,$\overline{\text{LE}}_1=0$ 有效,单片机送来的数字信号锁存到 8 位输入寄存器中。

② 8 位 DAC 寄存器　用于存放待转换的数字量,由 $\overline{\text{LE}}_2$ 控制。当 $\overline{\text{XFER}}=\overline{\text{WR}}_2=0$ 时,输入寄存器中的数据送入 DAC 寄存器,此时,数字信号可进入 8 位 D/A 转换电路转换,并输出和数字量成正比的模拟电流。

③ 8 位 D/A 转换电路。

2. 典型应用

根据如图 7-9 所示的电路,采用 DAC0832 作为波形发生器,产生锯齿波信号。

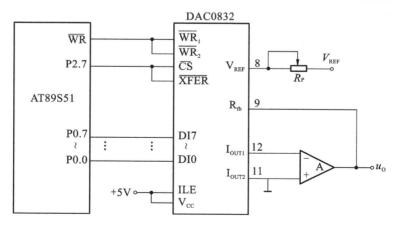

图 7-9　波形产生电路原理图

1）产生锯齿波

产生锯齿波的方法是输入 D/A 转换器的数字量从 0 开始,逐次加 1,进行数字量到模拟量的转换,每次转换时加延时,形成阶梯状的输出。当输入数字量为 FFH 时,再加 1 则溢出清零,模拟输出又为0,然后再重复上述过程,如此循环,输出的波形就是锯齿波,如图7-10所示。

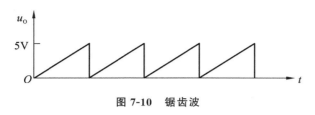

图 7-10 锯齿波

2) 参考程序

产生锯齿波的参考程序如下(假定 DAC0832 输入寄存器地址为 7FFFH)。

(1) 汇编语言编程。

```
        MOV  A,#00H          ;取下限值
        MOV  DPTR,#7FFFH     ;指向 DAC0832 的地址
MM:     MOVX @DPTR,A         ;输出
        INC  A               ;数字量加 1
        NOP                  ;延时
        NOP
        NOP
        SJMP MM              ;反复
```

(2) C51 语言编程。

```
#include<absacc.h>                //绝对地址访问头文件
#include<reg51.h>
#define uchar unsigned char
#define uint unsigned int
#define DA0832 XBYTE[0x7fff]     //DAC0832 地址,设 P2.7=0,其余地址线为 1
void delay_1ms()
{   TH1=0xfc;                    //置定时器初值
    TL1=0x18;
    TR1=1;                       //启动定时器 1
    while(!TF1);                 //查询计数是否溢出,即 TF1=1
    TF1=0;                       //1 ms 时间到,TF1 清零
}
void main()                      //主函数
{   uchar i;
    TMOD=0x10;                   //置定时器 1 为方式 1
    while(1)
    {   for(i=0;i<=255;i++)      //形成锯齿波输出值,最大 255
    {   DA0832=i;                //D/A 转换输出
        delay_1ms();
    }
    }
}
```

改变程序的幅值可以调整锯齿波的幅度,改变延时时间可以调整锯齿波的周期。

3）仿真

对于学有余力的同学,可以采用 DAC0832,在 Proteus 上设计如图 7-11 所示的电路,并采用上述相关程序生成锯齿波,并在示波器上观看波形。

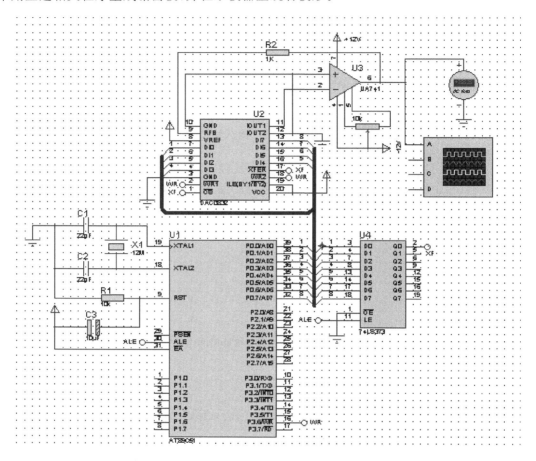

图 7-11　仿真电路图

使用的元器件包括:单片机 AT89S51、电容 CAP 30 pF、晶振 CRYSTAL 12 MHz、电解电容 CAP-ELEC、电阻 REP、锁存器 74LS373、电位器 POT、运放 UA741、D/A 转换器 DAC0832、示波器等。

 ## 7.3　A/D 转换器

A/D 转换器(ADC)是把模拟量转换成数字量的器件。

7.3.1　A/D 转换器的分类

A/D 转换器的类型有很多,根据工作原理的不同,可分为直接转换型 A/D 转换器和间接转换型 A/D 转换器两大类。

1. 直接转换型 A/D 转换器

直接转换型 A/D 转换器可以直接将采样保持电路输出的模拟信号转换成数字信号。这类 A/D 转换器最大的特点是转换速度快,广泛应用于各种控制系统中。根据转换方法的不同,最典型的直接 A/D 转换器有两种:并行比较型 A/D 转换器和逐次比较型 A/D 转换器。

并行比较型 A/D 转换器由电阻分压器、电压比较器、数码寄存器和编码器 4 个部分组成。由于是并行转换,所以这种 A/D 转换器最大的优点是转换速度快,转换时间只受电路传输延时时间的限制;缺点是随着输出二进制位数的增加,器件数目按几何级数增加。一个 n 位的转换器,需要 $2^n - 1$ 个比较器。例如:当 $n = 8$ 时,需要 $255(2^8 - 1)$ 个比较器。因此,制造高分辨率的集成并行 A/D 转换器受到一定限制,所以这种类型的 A/D 转换器适用于要求转换速度高但分辨率较低的场合。

逐次比较型 A/D 转换器由电压比较器、逻辑控制器、D/A 转换器和数码寄存器组成。这种 A/D 转换器最大的特点是转换速度较快,并且输出代码的位数多、精度高,它是集成 A/D 转换芯片中使用最广泛的一种类型。

2. 间接转换型 A/D 转换器

间接转换型 A/D 转换器是先将采样保持电路输出的模拟信号转换成时间或频率,然后将时间或频率转换成数字量输出。这类 A/D 转换器的特点是转换速度较低,但转换精度较高。最典型的间接 A/D 转换器有双积分型 A/D 转换器。

双积分型 A/D 转换器将输入的模拟电压转换成一个与之成正比的时间宽度信号,然后在这个时间宽度里对固定频率的时钟脉冲进行计数,其结果就是正比于输入模拟信号的数字量输出。它由积分器、过零比较器、时钟控制门和计数器等几部分组成。双积分型 A/D 转换器的优点是精度高、抗干扰能力强;缺点是速度较慢。在对速度要求不高的数字化仪表领域得到了广泛使用。

7.3.2 A/D 转换器的基本原理

实现 A/D 转换的方案有很多种,不同方案所对应的电路形式及其工作原理各不相同。下面以逐次比较型 A/D 转换器为例,对 A/D 转换器的工作原理进行简单介绍。

逐次比较型 A/D 转换器是通过逐个产生比较电压,依次与输入电压进行比较,以逐渐逼近的方式进行 A/D 转换的器件,故又称为逐次逼近型 A/D 转换器。用逐次逼近方式进行 A/D 转换的过程与用天平称重的过程十分类似。天平称重的过程是,从质量最大的砝码开始试放,与被称物体质量进行比较,若砝码的质量大于物体的质量,则去除该砝码,否则保留;再加上质量次之的砝码,同样根据砝码的质量是否大于物体的质量,决定第二个砝码是被去除还是留下;依此类推,一直加到最小的一个砝码为止。将所有留下的砝码质量相加,即可得到物体质量。按此思想,逐次比较型 A/D 转换器就是将输入模拟信号与不同的比较电压进行多次比较,使转换所得的数字量在数值上逐渐逼近输入模拟量的对应值。

逐次比较型 A/D 转换器的结构如图 7-12 所示。它由控制与时序电路,逐次逼近寄存器、D/A 转换器、电压比较器以及输出数据寄存器等主要部分组成。

逐次比较型 A/D 转换器各组成部分的功能如下。

● 控制与时序电路:产生 A/D 转换器工作过程中所需要的控制信号和时钟信号。
● 逐次逼近寄存器:在控制信号作用下,记忆每次比较结果,并向 D/A 转换器提供输入数据。
● D/A 转换器:产生与逐次逼近寄存器中数据对应的比较电压 u_R。
● 电压比较器:将模拟量输入信号 u_1 与比较电压 u_R 进行比较,当 $u_1 \geqslant u_R$ 时,比较器输

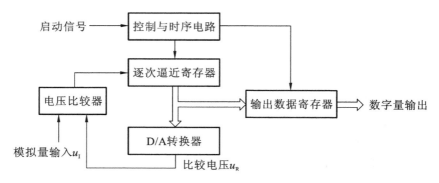

图 7-12　逐次比较型 A/D 转换器的结构框图

出为 1,否则,比较器输出为 0。

● 输出数据寄存器:存放最后的转换结果,并行输出二进制代码。

如图 7-12 所示的逐次比较型 A/D 转换器的工作原理如下。

电路由启动信号启动后,在控制与时序电路作用下,首先将逐次逼近寄存器的最高位置1,其他位置 0。逐次逼近寄存器的值输出送至 D/A 转换器,由 D/A 转换器产生相应的比较电压 u_R 送至电压比较器,与模拟量输入信号 u_1 进行比较。当 $u_1 \geqslant u_R$ 时,比较器输出为 1,否则,比较器输出为 0,比较结果被存入逐次逼近寄存器的最高位。然后,在控制与时序电路作用下,将逐次逼近寄存器的次高位置1,其余低位置 0,由 D/A 转换器产生与逐次逼近寄存器中数据对应的比较电压 u_R 送至电压比较器,与模拟量输入信号 u_1 进行比较,并将比较结果存入逐次逼近寄存器的次高位置。依此类推,直至确定出逐次逼近寄存器最低位的值为止,即可得到与输入模拟量对应的数字量。该数字量在控制与时序电路作用下,被存入输出数据寄存器。

7.3.3　A/D 转换器的主要技术参数

A/D 转换器的主要技术参数如下。

1) 转换时间或转换速率

转换时间是指 A/D 转换器完成一次转换所需要的时间,转换时间的倒数为转换速率。

2) 分辨率

在 A/D 转换器中,分辨率是衡量 A/D 转换器能够分辨出输入模拟量最小变化程度的技术指标。分辨率取决于 A/D 转换器的位数,所以习惯上用输出的二进制位数或 BCD 码位数表示。逐次比较型 A/D 转换器,如 AD0809 的满量程输入电压为 5 V,可输出 8 位二进制数,即用 256 个数进行量化,其分辨率为 1LSB,也即 5 V/256＝19.5 mV,其分辨率为8 位,或者说 A/D 转换器能分辨出输入电压 19.5 mV 的变化。双积分型输出 BCD 码的A/D 转换器 MC14433,其满量程输入电压为 2 V,其输出最大的十进制数为 1999,分辨率为 3.5 位,即三位半,如果换算成二进制位数表示,其分辨率约为 11 位,因为 1999 最接近于 2048。

量化过程引起的误差称为量化误差。量化误差是由于有限位数字量对模拟量进行量化而引起的误差。量化误差理论上规定为一个单位分辨率的 $\pm\frac{1}{2}$LSB,提高 A/D 转换器的位数既可以提高分辨率,又能够减少量化误差。

3）转换精度

A/D转换器的转换精度定义为一个实际 A/D 转换器与一个理想 A/D 转换器在量化值上的差值,可用绝对误差或相对误差表示。

7.3.4 集成 A/D 转换器及其应用

1. 典型芯片 ADC0809

1）ADC0809 的引脚及功能

ADC0809 是一种逐次比较型 8 路模拟输入、8 位数字量输出的 A/D 转换器,其引脚和内部结构图如图 7-13 所示。

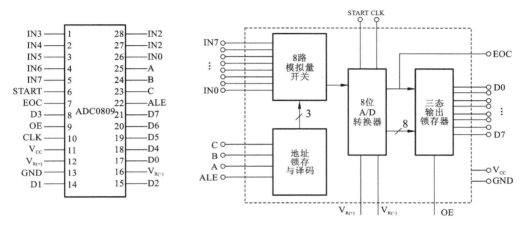

图 7-13 ADC0809 引脚和结构图

ADC0809 共有 28 个引脚,采用双列直插式封装。其主要引脚的功能如下。

● IN0～IN7:8 个模拟信号输入端。

● D0～D7:转换完毕的 8 位数字量输出端。

● A、B、C 与 ALE:控制 8 路模拟输入通道的切换。A、B、C 分别与单片机的 3 条地址线相连,三位编码对应 8 个通道地址端口。CBA＝000～111 分别对应并选中 IN0～IN7 通道。各路模拟输入之间的切换由软件改变 C、B、A 引脚上的编码来实现。

● START、CLK:START 为启动 A/D 转换信号,CLK 为时钟信号输入端。

● EOC:转换结束输出信号。A/D 转换开始转换时,该引脚为低电平,当 A/D 转换结束时,该引脚为高电平,可以通过查询或申请中断来处理转换后的数字量。

● OE:OE 为输出允许端,有效时三态输出锁存器打开,数据可以送出。

2）ADC0809 转换原理

ADC0809 采用逐次比较的方法完成 A/D 转换,由单一的＋5 V 电源供电。片内带有锁存功能的 8 路选 1 的模拟开关,由 C、B、A 引脚的编码决定所选的通道。ADC0809 完成一次转换需 100 μs 左右(典型时钟频率 500 kHz～1 MHz),它具有输出 TTL 三态锁存缓冲器,可直接与 AT89S51 单片机的数据总线连接。

其转换步骤为:使 C、B、A 地址与 ALE 有效,选择 IN0～IN7 中的一路模拟信号进入 A/D 转换器;启动 START 信号开始转换;检测 EOC 信号看是否转换结束;当 EOC＝1 时,表明转换结束,可使 OE 有效将转换后的数字量输出。

2. 典型应用

ADC0809 与单片机的典型连接如图 7-14 所示。由于 ADC0809 片内无时钟,可利用 AT89S51 单片机提供的 ALE 信号经 D 触发器二分频后获得时钟信号,ALE 引脚的频率是 AT89S51 单片机时钟频率的 1/6。如果单片机时钟频率采用 6 MHz,则 ALE 引脚的输出频率为 1 MHz,再二分频后为 500 kHz,符合 ADC0809 对时钟频率的要求。若采用独立的时钟源,可直接加到 ADC0809 的 CLK 引脚上。

8 位数据输出引脚 D0～D7 接单片机的 P0 口。地址译码引脚 C、B、A 分别与地址总线的低三位 A2、A1、A0 相连,用于选择 IN0～IN7 中的一个通道。

根据图 7-14 所示的电路,采用 ADC0809,编写程序对 8 路模拟输入依次进行转换。

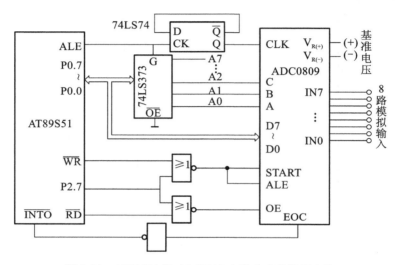

图 7-14 AT89S51 与 ADC0809 中断方式的接口电路

(1)汇编程序段如下。

```
                ……
        MOV    R0,#0A0H        ;数据存储区首地址
        MOV    R2,#08H         ;8 路计数器
        SETB   IT1             ;边沿触发方式
        SETB   EA              ;中断允许
        SETB   EX1             ;允许外部中断 1 中断
        MOV    DPTR,#0FEF8H    ;D/A 转换器地址
LOOP:   MOVX   @DPTR,A         ;启动 A/D 转换
HERE:   SJMP   HERE            ;等待中断
        DJNZ   R2,ADEND
        MOVX   A,@DPTR         ;数据采样
        MOVX   @R0,A           ;存数
        INC    DPTR            ;指向下一模拟通道
        INC    R0              ;指向数据存储器下一单元
        MOVX   @DPTR,A
ADEND:  RETI
```

（2）C51 语言的参考程序如下。

```
#include<absacc.h>
#include<regsl.h>
unsigned char xdata *ADCstart;      /*定义的 ADC0809 启动端口地址指针*/
unsigned char xdata *ADCdata;       /* 定义存放转换结果的外部数据缓冲区指针*/
unsigned char i
voin  main()
{   ADCstart=0x7fff;
    ADCdata=0x2000;
    i=8;
    EA=1;EX1=1;IT1=1;               /*外部中断允许,边沿触发方式*/
    *ADCstart=i;                    /*启动 A/D 转换*/
    while(1);
}
void  int0() interrupt  0          /*中断 0 的中断服务函数*/
{   unsigned char  tmp;
    tmp=*ADCstart;                  /*读入转换结果到 tmp 中*/
    *ADCtata=tmp;                   /*转换结果存入到外部 RAM 中*/
    ADCdata++;
    i++;                            /*ADC 通道号加 1*/
    *ADCstart=i;                    /*启动下一 ADC 通道*/
}
```

本例采用两个指针变量：＊ADCstart 和 ＊ADCdata，分别指向 ADC0809 的端口地址 0x7fffH 和外部 RAM 的 0x2000H～0x2007H 单元。main 函数中通过赋值语句"＊ADC start＝i；"启动 A/D 转换，转换结束时产生中断请求，在中断函数 int0 中，通过赋值语句"tmp＝＊ADCdate；"和"＊ADCtada＝tmp；"读取 A/D 转换结果值并存储到外部 RAM 中的 0x2000H～0x2007H 单元。

在实际应用中，除了可以采用指针变量实现对内存地址的直接操作外，还可以用绝对地址的预定义头文件"absacc.h"，来十分方便地实现对任意内存空间的直接操作。

习 题 7

1. 填空题

（1）8 位 D/A 转换器中，当输入数字量只有最高位为 1 时，输出电压为 5 V；若只有最低位为 1 时，则输出电压为_____。若输入为 10001000，则输出电压为_____。

（2）A/D 转换的一般步骤包括_____、_____、_____和_____。

（3）已知被转换信号的上限频率为 10 kHz，则 A/D 转换器的采样频率应高于_____。完成一次转换所用时间应小于_____。

（4）衡量 A/D 转换器性能的两个主要指标是_____和_____。

（5）就逐次比较型和双积分型两种 A/D 转换器而言，_____抗干扰能力强，_____转换速度快。

2. 对于一个 8 位的 D/A 转化器，若最小输出电压增量为 0.02 V，试问当输入代码为 01001101 时，输出电压 u_o 为多少？若其分辨率用百分数表示时是多少？

3. 假如理想的三位 ADC 满刻度模拟输入为 10 V,当输入 u_{IN} 为 7 V 时,求此 ADC 采用自然加权二进制码时的数字输出值。

4. 简述转换器的分辨率与转换速度之间的关系。

5. 简述转换器的 3 种基本误差源。

6. 在图 7-15 所示的电路中,若 $V_{REF}=10$ V,$R_F=\frac{1}{2}R$,$n=3$,求出输出电压 u_O 的最大值。当输入为 $D_0=1$,$D_1=0$,$D_2=1$ 时,输出 u_O 为多少?

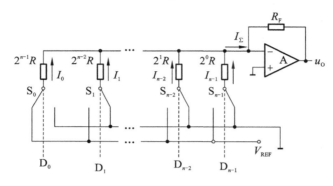

图 7-15 题 6 图

7. T 形电阻网络 DAC 与倒 T 形电阻网络 DAC 在结构上有何不同?各有什么特点?

8. 在图 7-16 所示的电路中,若输入信号在 $\frac{7}{16}V_{FS}$ 到 $\frac{8}{16}V_{FS}$ 之间,画出其时序波形图。

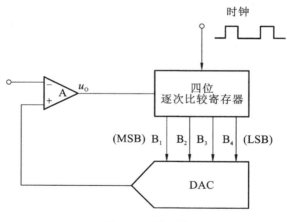

图 7-16 题 8 图

9. $3\frac{1}{2}$ 位十进制数字显示双积分型 ADC,是以图 7-17 所示电路配以显示器构成,其计数部分是由三个十进制计数器和一个触发器构成。若预先确定的积分时间为 1 000 个时钟脉冲,并在定压积分时最大计数要代表最大的模拟输入 1.999 V,求参考电压的值。若 $f_{CP}=50$ kHz,积分电容 $C=0.1$ μF,电阻 $R=100$ kΩ,请求出当输入为 1.999 V 时,积分器的输出值并绘制输出波形图。

10. 逐次比较型 A/D 转换器中的 10 位 D/A 转换器的 $u_{O(max)}=12.276$ V,CP 的频率 $f_{CP}=500$ kHz。

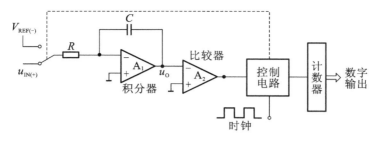

图 7-17　题 9 图

(1) 若输入 $u_1 = 4.32$ V，则转换后输出状态 $D = Q_9 Q_8 \cdots Q_0$ 是什么？

(2) 完成转换所需要的时间 T 为多少？

习题 7 答案

1. 填空题

(1) 40 mV；5.32 V　(2) 采样；保持；量化；编码　(3) 20 kHz；50 μs　(4) 精度；刻度
(5) 双积分型；逐次比较型

2.【解】　由 $u_O = -\dfrac{V_{REF}}{2^8} \sum\limits_{i=0}^{7} D_i 2^i$ 可知，其最小分辨率 $\dfrac{V_{REF}}{2^8} = 0.02$ V，则 $V_{REF} = 5.12$ V。将输入代码 01001101 代入输出电压表达式，可得到 $u_O = 1.54$ V。分辨率为 $1/(2^8 - 1) = 0.39\%$。

3.【解】　$\dfrac{11}{16} < \dfrac{7}{10} < \dfrac{13}{16}$，因此对应 $\dfrac{6}{8}$，其对应的二进制输出为 110。

4.【解】　转换精度（分辨率）和转换速度是 D/A、A/D 转换器的重要指标。分辨率由转换器的位数决定，位数越多，分辨率越高，但完成一次转换的时间就长，即转换速度就低。因此，分辨率和速度是一对矛盾的选择，在实际使用中，应根据具体情况进行选择。

5.【解】　(1) 失调误差。失调误差又称零点误差，其定义是：当数字输入全为 0 时，其模拟输出值与理想输出值的偏差值。对于单极性 D/A 转换来说，模拟输出的理想值为零点。对于双极性 D/A 转换来说，模拟输出的理想值为负域满刻度。偏差值大小一般用 LSB 的分数或用偏差值相对满刻度的百分数表示。

(2) 增益误差。D/A 转换器的输入与输出传递特性曲线的斜率称为 D/A 转换增益或标度系数，实际转换的增益与理想增益之间的偏差称为增益误差。增益误差在消除失调误差后用满码（全 1）输入时，采用其输出值与理想输出值（最大值）之间的偏差来表示，一般也用 LSB 的分数或用偏差值相对满刻度的百分数来表示。

(3) 非线性误差。D/A 转换器的非线性误差定义为时间转换特性曲线与理想转换特性曲线之间的最大偏差，并以该偏差相对于满刻度的百分数来度量。

失调误差和增益误差可通过调整使它们在某一温度的初始值为零，但受温度系数的影响，仍存在相应的温度失调误差和增益误差。非线性误差不可调整。

DAC 的最大转换误差为失调误差、增益误差和非线性误差之和，ADC 的最大转换误差为量化误差、失调误差、增益误差和非线性误差之和。

6.【解】　因为 $R_F = \dfrac{1}{2} R$，所以 $u_O = -\dfrac{10}{2^3} \sum\limits_{i=0}^{2} D_i 2^i$。将 $D_2 D_1 D_0 = 101$ 代入，可得到 $u_O =$

$\dfrac{10}{8} \times 5 \text{ V} = 6.25 \text{ V}$。

7.【解】 （1）T 形电阻网络 DAC 结构简单,所用的电阻个数少。电阻的阻值相差较大,并且电阻的数值较多,不是规格数值,当输入信号位数较多时,这个问题更加突出。为了保证转换精度,要求阻值很精确,这是很困难的。

（2）倒 T 形电阻网络 DAC 结构稍复杂,所用的电阻个数较多,电阻阻值仅有两种,便于制造及提高精度。

8.【解】

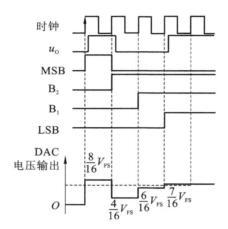

9.【解】 $3\dfrac{1}{2}$ 位十进制双积分型 ADC 的最大计数能力为 1 999,由题意可知,$N_i = 1\ 000, N_r = 1\ 999, u_{IN} = 1.999 \text{ V}$,则有

$$V_{REF} = u_{IN} \cdot N_i / N_r = 1 \text{ V}$$

计数周期 $\qquad T_{CP} = 1/f_{CP} = 20 \ \mu s$

$$T_i = 1\ 000 T_{CP} = 20 \text{ ms}, \quad T_r = 1\ 999 T_{CP} = 39.98 \text{ ms}$$

在定时积分段,积分器的输出 u_O 与输入 u_{IN} 的关系为

$$u_O = -\frac{1}{RC} \int_0^{T_i} u_{IN} dt = -\frac{1}{10^5 \times 0.1 \times 10^{-6}} \int_0^{1\ 000 \times 2 \times 10^{-5}} 1.999 \ dt = -3.998 \text{ V}$$

其波形图如下。

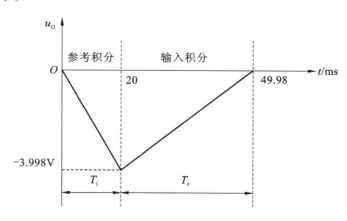

10.【解】 (1)DAC 的输出 $u_O = \dfrac{V_{REF}}{2^{10}} \displaystyle\sum_{i=0}^{9} D_i 2^i$，则其输出最大值为

$$u_O = \frac{V_{REF}}{2^{10}}(2^{10}-1) = \frac{1\,023 \times V_{REF}}{1\,024} = 12.276 \text{ V}$$

则
$$V_{REF} = 12.288 \text{ V}$$

若输入 $u_I = 4.32$ V，则

$$\frac{V_{REF}}{2^{10}} \sum_{i=0}^{9} D_i 2^i = 4.32 \text{ V}, \qquad \sum_{i=0}^{9} D_i 2^i = 360$$

可得
$$D = Q_9 Q_8 \cdots Q_0 = 0100101100$$

(2) 完成一次转换的时间为 $(10+1)T_{CP} = 11/500 \times 10^{-3}$ s $= 22$ μs。

第8章 数字电路系统设计举例

本章主要根据前面章节讨论的理论知识,给出了综合数字电路系统设计实例的内容、要求及指导,使学生在掌握基础理论知识的同时,更加熟悉各种数字器件的特性及使用方法,进而培养和锻炼自己分析问题、解决问题的能力,并且通过一个工程实例——小功率太阳能电池板稳压电路的设计与制作,来讲解如何设计和制作一件电子作品。相信读者在此基础上自己亲自动手实践,必将受益匪浅。

8.1 制作第一件电子产品

8.1.1 小功率太阳能电池板稳压电路的设计

目前对于太阳能的利用主要体现在两个方面:光电转换和光热转换。在光电转换的应用方面,小功率太阳能电池板的输出电压易受外界环境的影响而导致其工作不稳定,为此本文基于小功率太阳能电池板,设计了一款用固定脉宽调制的芯片 TL494 和 MOSFET 管相结合的稳压电路,该电路具有结构简单、工作可靠和输出电压范围可调等特点。

本节设计了一种以 TL494 芯片为核心的 Boost 型稳压电路。该电路结构简单,直流输出电压可调范围为 24~50 V,效率高达 90%。该电路主要由电源转换电路、脉冲产生电路和 MOSFET 触发电路组成,如图 8-1 所示。

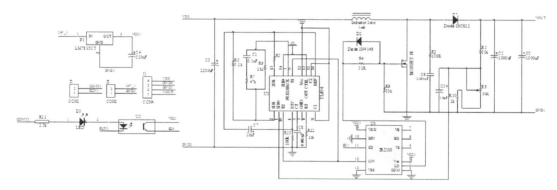

图 8-1 稳压电路原理图

1. 电源转换电路

该电路由三端稳压集成芯片 LM7815CT 稳压后,输出 15 V 直流电压,供电路其他部分使用,如图 8-2 所示。其中,电容 C_4 起滤波作用。

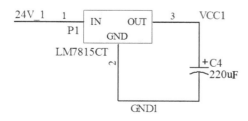

图 8-2 电源转换电路图

2. 脉冲产生电路

该电路的脉冲由 TL494 芯片产生,TL494 内置 5 V 参考基准电源,5 脚、6 脚分别接电容与电阻,其产生的对应锯齿波进入比较器后,产生一个定周期的振荡信号,振荡器频率为 $f_{osc} = 1.1/R_T C_T$。4 脚为死区时间控制端,13 脚为输出方式控制端。芯片内部包含两个相同的误差放大器,输出端经二极管隔离后送至比较器同相端,与反相端锯齿波电压相比较,并决定输出端电压的宽度。脉宽调制过程由 3 脚的电压控制,也可由误差放大器进行控制。两个放大器可独立使用,用于反馈电压和过流保护。

本电路中 TL494 的 13 脚和 16 脚接地,2 脚和 3 脚之间接入的电容 C_1 和电阻 R_7 组成比例积分调节器,1 脚作为输入端。5 脚接 $0.001~\mu\mathrm{F}$ 的电容 C_8,6 脚接 $20~\mathrm{k}\Omega$ 的电阻 R_{12},可以产生 $50~\mathrm{kHz}$ 的振荡频率。15 脚接 $5.1~\mathrm{k}\Omega$ 的电阻 R_3,用于过流保护。9 脚和 10 脚共同输出 PWM 信号。脉冲产生电路如图 8-3 所示。

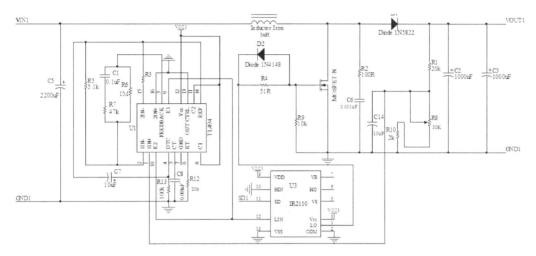

图 8-3 脉冲产生电路原理图

通过调节滑动变阻器 R_8 来改变反馈电压,以此来调节输出端 PWM 波形,再通过 MOSFET 管驱动电路,达到控制 MOSFET 管通断的目的。

3. MOSFET 触发电路

MOSFET 触发电路以 IR2110 芯片为核心,其用于驱动 MOSFET、IGBT 等功率器件,兼有光耦隔离和电磁隔离的优点,是中小功率变换装置中驱动器件的首选。

MOSTET 触发电路仅使用了 IR2110 芯片的 1 脚(低端输出)、12 脚(低端输入)、11 脚(关断)。PWM 信号从芯片的 12 脚输入,1 脚输出驱动 MOSFET 管,如图 8-4 所示。当 MOSFET 管导通时,外部输出被短路,电感 L1 通过 MOSFET 形成的回路存储能量;当 MOSFET 关断时,电路的输出电压 $u_{\mathrm{out}} = u_{\mathrm{in}} + u_{\mathrm{L}}$,达到升压的目的。因此,可以通过调节 MOSFET 管的导通时间来调节电路的输出电压。

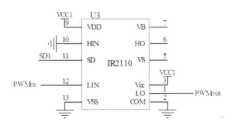

图 8-4 IR2110 引脚接线图

8.1.2 小功率太阳能电池板稳压电路的制作

1. 万用板

1) 万用板

万用板是一种按照标准 IC 间距($2.54~\mathrm{mm}$)布满焊盘,可按自己的意愿插装元器件及连线的实验工具,如图 8-5 所示。相比专业的印制电路板(PCB),万用板具有以下优势:使用门槛低,成本低廉,使用方便,扩展灵活。例如,在电子设计竞赛中,作品通常要求在几天时间内争分夺秒地完成,所以大多使用万用板。

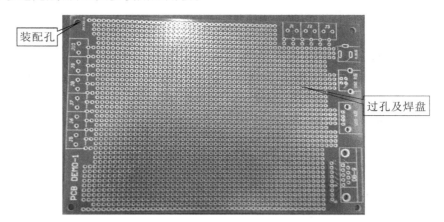

图 8-5　万用板

2) 插放元器件

如图 8-3 所示的电路中的电阻 R_4 采用直插功率电阻 5 W/51 Ω,R_8 采用 0.25 W/50 kΩ 滑动变阻器,其他的电阻选用 0.25 W 的功率即可。其他一些元器件都是常见的直插式元器件,按照原理图中的元件型号购买即可,并应插放在万用板上的合理位置。电感为自制元件,其电感量为 1 mH,在绕制好电感后,应使用电感测量仪测量其电感量的大小。

使用时,元器件插在万用板的一面,管脚穿过万用板的过孔,如图 8-6 所示。

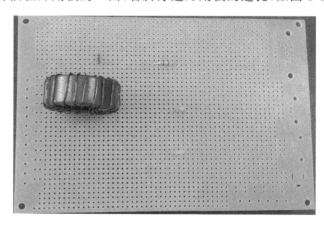

图 8-6　元件安放在万用板上

将所有的元器件全部插放在万用板上。

3) 导线连接元器件和焊接

在焊接点阵板之前需要准备足够的细导线用于走线,飞线连接没有太多的技巧,但尽量做到水平和竖直走线,整洁清晰。由于万用板具有焊盘紧密的特点,这就要求烙铁头有较高的精度,建议使用功率在 30 W 左右的尖头电烙铁。同样,焊锡丝也不能太粗,建议选择线径为 0.5~1 mm 的焊锡丝。焊接完成的电路板如图 8-7 所示。

2. 印制电路板

印制电路板,又称印刷电路板,常使用其英文缩写 PCB(printed circuit board)来表示。它以绝缘板为基材,切成一定尺寸,其上至少附有一个导电图形,并布有孔(如焊盘、固定孔、

图 8-7   焊接完成的电路板

过孔等),用来代替实验时安放电子元器件的底盘,并实现电子元器件之间的相互连接。由于这种电路是采用电子印刷技术制作的,故被称为印刷电路板。

按照线路板的层数,可分为单面板、双面板、四层板、六层板以及其他多层线路板。

万用板和面包板一般只在电路设计、调试时使用,在成熟的电子产品中,电路的载体都是印制电路板(PCB),它是针对电路设计出来的实现元器件焊接及电气连接的电路板。印制电路板是功能电路的最终表现形式,是电路设计的终极目标。

3. 电路设计过程

本节用小功率太阳能电池板稳压电路为例,介绍一个普通的电子产品产生的全过程。在介绍中忽略电子产品的外壳或装配工艺等问题,而是着重对电子产品的电路设计进行介绍。电路设计的一般过程可以用图 8-8 进行归纳。

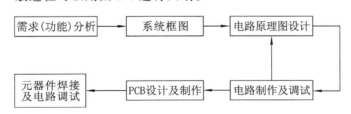

图 8-8   电路设计的一般过程

1) 需求(功能)规划

电路的设计具有很强的目的性,电路设计师为了解决科研、生产、生活中的实际问题,在进行具体设计前需要对电路将要实现的功能、完成的任务进行规划,称为需求分析。例如,小功率太阳能电池板稳压电路,它要实现的功能是把太阳能电池板输入的 24 V 直流电压转换成稳定的 37 V 直流电压并输出。

2) 系统框图

系统框图是对需求规划的进一步设计,把描述功能的文字、参数等内容归纳成一些方框图,并用一些表示信号流向的箭头表达系统的信号流向,如图 8-9 所示。

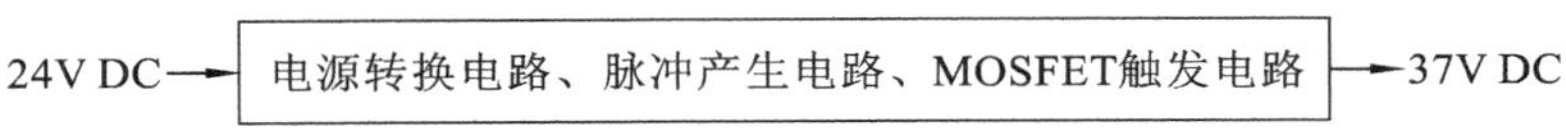

24V DC ⟶ ┤电源转换电路、脉冲产生电路、MOSFET触发电路├ ⟶ 37V DC

图 8-9   系统框图

3）电路原理图设计（具体方法可以参照附录1）

凭经验规划出来的系统框图，每一个方框都代表着一些具体元器件和电气连接，在电路原理图设计阶段，就是要利用所掌握的电路知识和技巧把具体的电路图给设计出来。以小功率太阳能电池板稳压电路为例，把它的系统框图和电路原理图进行对照，就可以发现电路原理图的设计其实紧密围绕系统框图来进行。

（1）电源转换电路。

该电路由三端稳压集成芯片 LM7815CT 稳压后，输出 15 V 直流电压，供电路其他部分使用，电容 C_4 起滤波作用，如图 8-2 所示。

（2）脉冲产生电路。

该电路的脉冲由 TL494 芯片产生，如图 8-3 所示。

（3）MOSFET 触发电路。

MOSFET 触发电路以 IR2110 芯片为核心，如图 8-4 所示，其用于驱动 MOSFET、IGBT 等功率器件，兼有光耦隔离和电磁隔离的优点，是中小功率变换装置中驱动器件的首选。

（4）总电路。

总电路是以 TL494 为核心的 Boost 型稳压电路。该电路结构简单，直流输出电压可调范围为 24～50 V，效率高达 90%。该电路主要由电源转换电路、脉冲产生电路和 MOSFET 触发电路组成，如图 8-4 所示。

4）电路制作及调试

电路设计完成之后，可先通过 Proteus 仿真软件进行初步的验证，然后通过插面包板、焊万用板等方法对设计进行实践，从中找到不足的地方，通过调整元器件参数、修改电气连接、调整电路结构等方式进行改进。这一阶段尤其重要，电路图虽然设计出来了，但是或多或少存在一些问题，这些问题只有在实际调试中才会发现。发现问题就要对电路图进行修改后再调试，多次反复这个过程直到电路实现正常功能为止。

5）PCB 设计及制作（具体方法可以参照附录1）

如果只是做做实验，看看效果，那到上一步为止就已经大功告成。但是如果电路需要交付客户或者投产，还需要把电路原理图设计成印刷电路板（PCB），进行 PCB 相关的检查后，方可交给工厂将 PCB 生产出来。

利用 Protel 99 SE 软件将电路原理图生成 PCB，对 PCB 上的元件进行合理布局，达到连线短、跳线少，整体布局紧凑、均匀和美观的效果，绘制的 PCB 如图 8-10 所示。

6）元器件焊接

（1）选择、采购元器件。

电阻 R_4 采用直插功率电阻 5 W/51 Ω，R_8 采用 0.25 W/50 kΩ 滑动变阻器，其他电阻选用功率为 0.25 W 即可。其余一些元器件都是常见的直插式元器件，按照原理图中的元件型号购买。电感为自制元件，其电感量为 1 mH，在绕制好后，应使用电感测量仪测量其电感量的大小。

（2）元件的整形与焊接。

电阻、电容等元件根据位置、间距、安装与焊接需求进行整形，由于集成电路芯片的管脚易损坏，建议安装芯片底座。焊接完成的电路板如图 8-11 所示。

7）电路调试

各元件、连线焊接好后，将印制电路板置于强光灯下，对照原理图检查有无遗漏、错接、

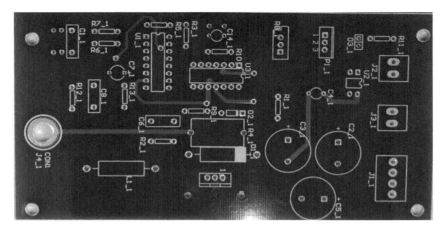

图 8-10　PCB 效果图

图 8-11　焊接完成的电路板

虚焊、漏焊等现象,检查无误后就可以对电路进行调试,可按如下步骤进行。

(1) 电源电压检测。

接通电源,观察电路有无异常。若无异常可用万用表测量 LM7815CT 芯片 2 脚和 3 脚的电压,正常电压应为 15V。若电源电压相差较大,应立即断电重新检查电路,主要检查电路中有无短接现象、集成芯片的管脚是否接反等问题。

(2) 脉冲信号的检测。

本电路中的 PWM 波形由 TL494 芯片产生,将示波器探针的一端接地,另一端测量 TL494 芯片的 9 脚或 10 脚,在示波器上观察波形信号,如图 8-12 所示。

(3) 电路输出电压信号的检测。

在电路的输入端接入太阳能电池板(可以用 24 V 直流电压代替),在本测试中其输出的电压为 23.44 V,如图 8-13 所示。调节滑动变阻器 R_8,将输出电压调节至 37 V 左右,如图 8-14 所示。

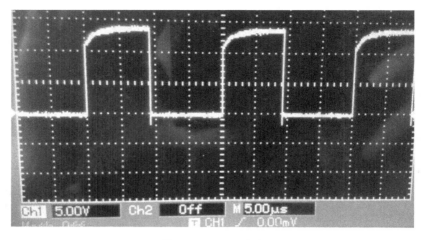

图 8-12 PWM 波形

图 8-13 调整前输出电压

图 8-14 调整后输出电压

注意:(1) 由于模块是 CMOS 型的器件,所以焊接时应注意防止静电击穿。

(2) 焊接电解电容时应注意其正负极性。

(3) SD1 为关断信号,在测试时可以用一个开关量来模拟。

(4) 在绕制电感时,要使线圈均匀分布在铁芯上,焊接时应固定好电感。

(5) IR2110 芯片未用到的输入端管脚不能悬空。

 ## 8.2 电子密码锁的设计

8.2.1 任务要求

(1) 利用基本 D 触发器、与非门、发光二极管等单元电路设计电子密码锁电路。

(2) 根据原理图搭建电路,完成电子密码锁电路的线路焊接和调试。

8.2.2 电路设计

电子密码锁电路由 D 触发器、与非门、发光二极管等组成,其原理图如图 8-15 所示。

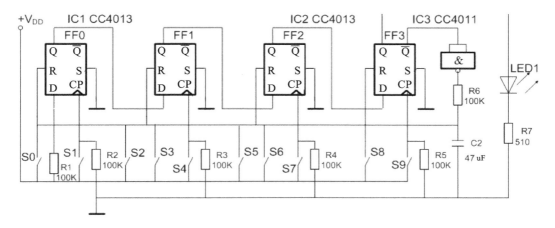

图 8-15 电子密码锁的电路原理图

注意: 这里采用发光二极管是否闪烁来确定密码锁是否被打开,用开关 S0~S9 来模拟 0~9 的数字。当发光二极管闪烁时,锁被打开;当发光二极管不闪烁时,锁没有打开。此处设置的密码为 1479 (可根据自己的需要进行更改)。

1. D 触发器 CC4013

当 CP 端有时钟信号时,D 触发器工作,将 D 端的数值传递到 Q 端;当 CP 端无时钟信号时,D 触发器不工作。因为 D 的初态为 1,故时钟信号产生时,将 1 赋给 Q 端。

本例的 D 触发器采用的是异步复位的方式,即当输入 R 的值为 1 时复位。从图 8-15 中可以看出,当输入的密码有误时,D 触发器会立即复位。

图 8-16 中所示的是 CC4013 芯片的引脚图,该芯片是将两个 D 触发器集成在一个芯片上。

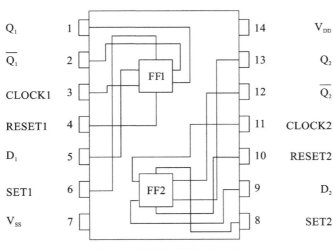

图 8-16 CC4013 芯片的引脚图

2. 与非门 CC4011

将输入信号相与后,若为 0,则取非后,输出为 1;若为 1,则取非后,输出为 0。

图 8-17 中所示的是 CC4011 芯片的引脚图,该芯片是将 4 个与非门集成在一个芯片上。

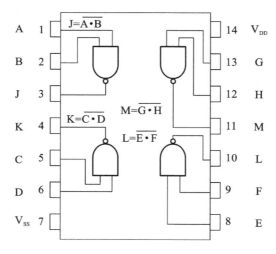

图 8-17　CC4011 芯片的引脚图

3. 发光二极管

LED 是发光二极管的简称,其 PN 结是用某些特殊的半导体材料(如磷砷化镓)做成的,当外加正向电压时,可以将电能转换为光能,从而发出光线。

8.2.3　基本工作原理

由图 8-15 可知,当 LED 正端为高电平时,LED 发光,锁被打开,说明输入密码正确;LED 负端为低电平时,LED 不导通,锁未被打开,说明输入密码错误。LED 正端为高电平时,即 D 触发器 FF3 输出为 1,FF3 处于工作状态,CP 端有时钟信号,即开关 S9 被按下,并且 D 触发器 FF3 的 D 端为 1。D 触发器 FF3 的 D 端为 1 时,则 D 触发器 FF2 输出端为 1,D 触发器 FF2 处于工作状态,其输入端 D 端为 1,CP 端有时钟信号,开关 S7 被按下。同理,可分析出 D 触发器 FF1 和 D 触发器 FF0 的 CP 端有时钟信号,开关 S4 和 S1 被按下,D 端为 1。即只有当开关 S1、S4、S7、S9 被按下时,4 个 D 触发器才都处于工作状态,LED 才会导通,开关对应的密码就是 1479。当 S0、S2、S3、S5、S6、S8 中至少有一个被按下时,D 触发器的 R 端接入高电平,D 触发器被复位,电路没导通,LED 不发光,说明密码输入错误。

8.2.4　仪器设备及元器件

制作中要用到的仪器设备及元器件见表 8-1。

表 8-1　仪器设备及元器件

名　称	数量	名　称	数量	名　称	数量
＋5 V 直流电源	1	万用表	1	逻辑电平开关	9
信号发生器	1	HCC4013B	2	HCC4011B	1
LED(发光二极管)	1	电阻	若干	导线	若干

8.2.5　调试内容及步骤

(1) 按照图 8-15 所示的原理图接线。

(2) 任意按下 S0～S9 中的 4 个开关,观察发光二极管的发光现象。当随意按下 4 个按键后,若发光二极管不亮,则断开开关。重新按下不同排列的 4 个按键,观察发光二极管的发光现象。直到按下其中 4 个后,发光二极管发光,则由按下的开关判断密码锁的密码。

8.3 四路竞赛抢答器的设计

8.3.1 任务要求

(1) 利用锁存器、与非门、数码管、三极管等单元电路设计四路竞赛抢答器。

(2) 根据原理图搭建电路,完成四路竞赛抢答器的线路连接和调试。

8.3.2 电路设计

四路竞赛抢答器由 D 锁存器、与非门、LED 数码管等组成,其电路原理图如图 8-18 所示。

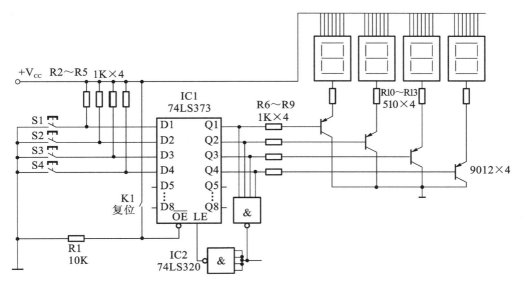

图 8-18 四路竞赛抢答器的电路原理图

1. D 锁存器 74LS373

D 锁存器 74LS373 的引脚如图 8-19 所示。初始时,D1~D7 均为高电平,Q1~Q7 也为高电平。当 LE 为高电平时,允许输入;当 LE 为低电平时,输入无效。当 OE 为低电平时,允许输出;当 OE 为高电平时,输出无效。其主要引脚功能如下。

● LE:输入使能(高电平有效)。
● OE:输出使能(低电平有效)。
● D0~D7:输入端。
● O0~O7:输出端。

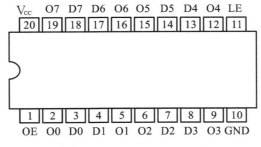

图 8-19 74LS373 的引脚图

2. 与非门 74LS320

与非门 74LS320 的引脚如图 8-20 所示。将输入信号相与后,若为 0,则取非后,输出为 1;若为 1,则取非后,输出为 0。

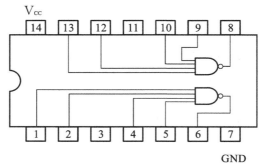

图 8-20　74LS320 的引脚图

3. LED 数码管

LED 是发光二极管的简称,其 PN 结是用某些特殊的半导体材料(如磷砷化镓)做成的,当外加正向电压时,可以将电能转换为光能,从而发出清晰的光线。

LED 数码管内部是 8 只发光二极管,a、b、c、d、e、f、g、dp 是发光二极管的显示段位,除 dp 制成圆形用于表示小数点外,其余 7 只全部制成条形,并排列成"8"字形状。每只发光二极管都有一根电极引到外部引脚上,而另外一根电极全部连接在一起,引到外引脚,称为公共极(COM)。

LED 数码管分为共阳极型和共阴极型两种,共阳极型 LED 数码管是把各个发光二极管的阳极都连在一起,从 COM 端引出,阴极分别从其他 8 根引脚引出。使用时,公共阳极接 +5 V,阴极端输入低电平的,发光二极管就导通点亮,而输入高电平的则不能点亮。共阴极型 LED 数码管与之相反。

本电路采用的是共阴极型 LED 数码管。

8.3.3　基本工作原理

由图 8-18 可知,在初始状态下,输出使能端 OE 为低电平,输入使能端 LE 为高电平,允许输入/输出。初始时,D 锁存器的 D 端都为高电平,输出端 Q 端电平也为高电平,三极管集电极处于正向偏置状态,三极管截止,数码管电路不导通,数码管不显示任何数字。当开关 S1 按下后,锁存器 D1 端变为低电平,输出端 Q1 也变为低电平,Q1 所接三极管处于导通状态,4 为共阴数码管第一位上显示按下开关选手的号码。同理,按下开关 S2 后,数码管第二位显示按下开关选手的号码。按下开关 S3、S4 后的原理同上。当上一轮抢答完毕后,主持人按下开关 K1 后,输出使能端变为高电平,将上轮数码管上显示的结果清除,进入下一轮抢答。

8.3.4　仪器设备及元器件

制作中要用到的仪器设备及元器件见表 8-2。

表 8-2　仪器设备及元器件

名　称	数量	名　称	数量	名　称	数量
+5 V 直流电源	1	万用表	1	开关	5
共阴极型 LED 数码管	4	电阻	若干	导线	若干
74LS373	1	74LS320	2	9012	4

8.3.5 调试内容及步骤

（1）按照图 8-18 所示的电路图接线。

（2）任意按下 S1～S4 中的 1 个开关,观察数码管上对应的显示第几位选手号码。

（3）在做完第（2）步后,按下复位开关 K1,观察数码管上显示的数码有何变化。

（4）断开开关 K1,重复进行（2）～（3）步骤,观察数码管上显示的结果。

8.4 数字显示频率计的设计

数字显示频率计用于测量信号（方波、正弦波或其他脉冲信号）的频率,并用十进制数字显示,它具有精度高、测量迅速、读数方便等优点。

8.4.1 任务要求

（1）利用 555 振荡电路、CD4017 计数芯片、HCC40110 计数移位芯片、与非门、数码管等单元电路设计数字显示频率计。

（2）根据原理图搭建电路,完成数字显示频率计的线路连接和调试。

8.4.2 电路设计

数字显示频率计由 555 振荡电路、CD4017 计数芯片、HCC40110 计数移位芯片、与非门、数码管等组成,其电路原理图如图 8-21 所示。

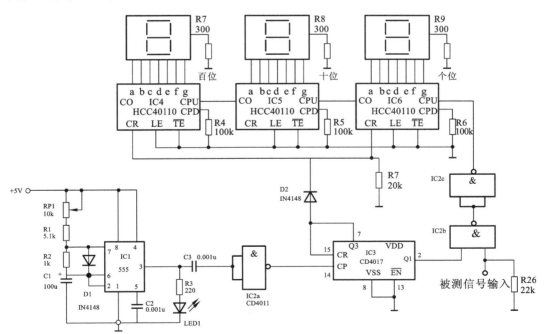

图 8-21　数字显示频率计的电路原理图

1. 555 振荡电路

555 振荡电路产生振荡信号,作为时钟信号。初始时电源通过电阻回路向电容 C1 充电,当充电达到电容容量的 2/3 时,555 芯片输出端由高电平变为低电平,然后电容又通过二极管回路放电,当放电量小于电容容量的 1/3 时,输出端由低电平变为高电平。

2. CD4017

CD4017 为计数功能芯片。当每次输入的时钟信号由低电平变为高电平时,输出端依次加 1。例如:当第一个上升沿来到时,输出 Q0 由 1 变为 0,Q1 由 0 变为 1;第二个上升沿来到时,输出 Q1 由 1 变为 0,Q2 由 0 变为 1。

CD4017 芯片的引脚图如图 8-22 所示。

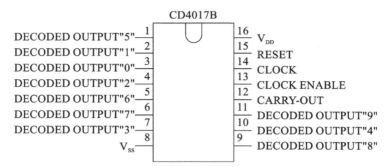

图 8-22 芯片 CD4017 引脚图

其主要引脚的功能如下。

● V_{DD}:电源端。

● RESET:复位端,图 8-21 中对应为 CR。

● CLOCK:时钟输入端,图 8-21 中对应为 CP。

● V_{SS}:地。

● CLOCK ENABLE:时钟使能端,图 8-21 中对应为 EN。

● DECODED OUTPUT"0"~"9":输出端,分别与图 8-21 中的 Q0~Q9 相对应。

3. HCC40110

HCC40110 为计数移位芯片,如图 8-23 所示。

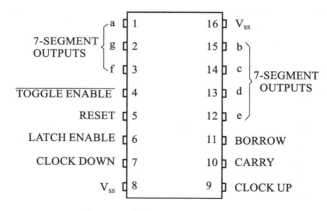

图 8-23 芯片 HCC40110 引脚图

其主要引脚的功能如下。

● a~g:七段数码管的输出端。

● RESET:复位端,图 8-21 中对应为 CR。

● TOGGLE ENABLE:触发使能端,图 8-21 中对应为 TE,低电平有效。

● LATCH ENABLE:锁存器使能端,图 8-21 中对应为 LE,高电平有效。

● CLOCK DOWN:减法输入端,图 8-21 中对应为 CPD。

- CLOCK UP:加法输入端,图 8-21 中对应为 CPU。
- CARRY:进位输出端,图 8-21 中对应为 CO。

4. 数码管

LED 数码管内部是 8 只发光二极管,a、b、c、d、e、f、g、dp 是发光二极管的显示段位,除 dp 制成圆形用于表示小数点外,其余 7 只全部制成条形,并排列成图中所示的"8"字形状。每只发光二极管都有一根电极引到外部引脚上,而另外一根电极全部连接在一起,引到外引脚,称为公共极(COM)。

LED 数码管分为共阳极型和共阴极型两种,共阳极型 LED 数码管是把各个发光二极管的阳极都连在一起,从 COM 端引出,阴极分别从其他 8 根引脚引出。使用时,公共阳极接 +5 V,这样,阴极端输入低电平的发光二极管就导通点亮,而输入高电平的则不能点亮。共阴极型 LED 数码管与之相反。

本电路采用的为共阴极型 LED 数码管。

5. 与非门 CD4011

将输入信号相与后,若为 0,则取非后,输出为 1;若为 1,则取非后,输出为 0。

如图 8-17 所示的是 CD4011 芯片的引脚图,该芯片是将 4 个与非门集成在一个芯片上。

8.4.3 基本工作原理

由图 8-21 分析可知,555 振荡电路开始通过电阻向电容 C_1 充电,当充电的电量达到电容容量的 2/3 时,输出端 3 由高电平变为低电平,经过 CD4011 与非门之后变为高电平,此时 CD4017 输出端 Q_1 不产生输出,被测信号无法通过 IC2b 主控门。555 芯片输出端 3 变为低电平后,电容 C_1 经过二极管回路放电,当 C_1 放电后的电量小于电容容量的 1/3 时,输出端 3 又由低电平变为高电平,经过 CD4011 与非门之后变为低电平,当下次 555 输出端由高电平变为低电平时,经过 CD4011 与非门之后变为高电平,CD4011 检测到上升沿,此时被测信号可以送入 IC2b 主控门,并送到 HCC40110 中进行加 1 计数,每输入 10 次信号,HCC40110 就向上位进一位,上一位的数码管也开始计数,数码管上显示的是通过的脉冲的个数,也就是频率。

8.4.4 仪器设备及元器件

制作中要用到的仪器设备及元器件见表 8-3。

表 8-3　仪器设备及元器件

名　称	数量	名　称	数量	名　称	数量
+5 V 直流电源	1	万用表	1	555 芯片	1
信号发生器	1	HCC40110	3	CD4017	1
CD4011	3	数码管	3	电阻及导线	若干

8.4.5 调试内容及步骤

(1) 按照图 8-21 所示的电路图接线。

(2) 用信号发生器给定一个输入信号。

(3) 调节信号发生器的输入频率,观察数码管的数字变化,并根据其反映的脉冲个数 N,计算出单位时间内的脉冲个数,即频率。

附录Ⓐ 555 震荡电路原理图与 PCB 的绘制

1. 绘制一个 555 振荡电路原理图

使用 Protel 99 SE 绘制一个 555 振荡电路的原理图，它是由 555 芯片、电容、电阻等组成的基本电路，如图 A-1 所示。

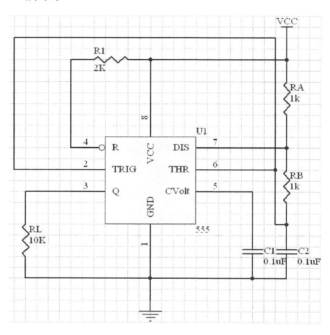

图 A-1　555 振荡电路原理图

【思路分析】

用 Protel 99 SE 绘制一张原理图之前，需要对元件类型、元件序号有一个整体规划，对每个元件的参考库和参考元件有所了解。

555 振荡电路由一个 555 芯片、4 个电阻和 2 个电容组成，它们分别对应的元件类型、元件序号、参考库和参考元件如表 A-1 所示。

表 A-1　参考元件模型

元件类型（Part Type）	元件序号（Designator）	参考库	参考元件
555 芯片	U1	Protel DOS Schematic Linear. lib	555
电阻 2 kΩ	R1	Miscellaneous Devices. lib	RES1
电阻 1 kΩ	RA	Miscellaneous Devices. lib	RES1
电阻 1 kΩ	RB	Miscellaneous Devices. lib	RES1
电阻 10 kΩ	RL	Miscellaneous Devices. lib	RES1
电容 0.1 μF	C1	Miscellaneous Devices. lib	CAP
电容 0.1 μF	C2	Miscellaneous Devices. lib	CAP

【特别提示】

对于不同的 Protel 99 SE 安装版本,有部分元件的外形不一致,但是这并不影响元件本身的电气属性。如 555 芯片,有两种常见形式,如图 A-2 所示,虽然两种形式的管脚分布的位置不一样,但是可以发现它们有一个共同点,每个管脚对应的名称一致,所以两个 555 芯片具有相同的属性。

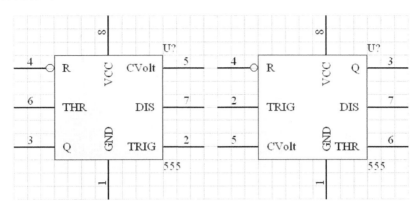

图 A-2　555 芯片的表现形式

具体步骤如下。

(1) 新建一个原理图文件,将其命名为实例 A-1(可以根据读者的习惯任意命名)。参照表 A-1,在参考元件库中找到相应的元件放置在原理图上,同时对元件的位置进行适当调整,使它们布局合理,如图 A-3 所示。

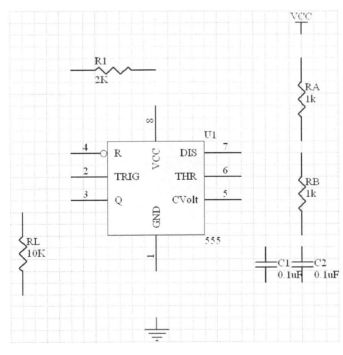

图 A-3　放置元件

（2）单击【Wiring Tools】工具栏中的 ∿ 图标,运行绘制导线命令后,光标变成十字形状,将光标移至电阻 RL 的上端管脚,单击确定导线的起点,如图 A-4 所示。

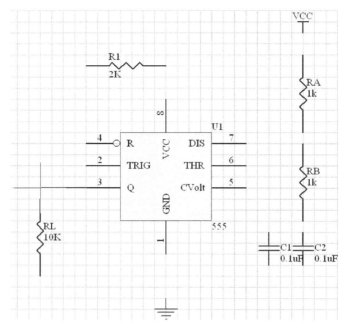

图 A-4　确定导线的起点

（3）确定导线的起点后,移动光标到合适的位置,单击鼠标左键确定该导线的终点,将导线拖到 555 芯片的管脚 3 处,右击或者按 Esc 键,完成当前导线的绘制,如图 A-5 所示。

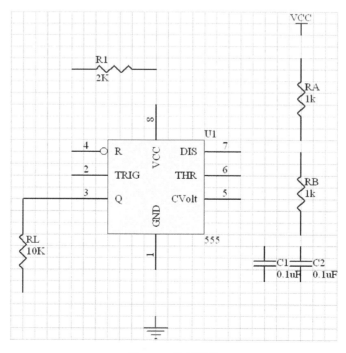

图 A-5　绘制导线

（4）完成一条导线绘制后，仍然处于绘制导线的命令状态。重复上述操作，可以继续绘制其他的导线，绘制结果如图 A-6 所示。

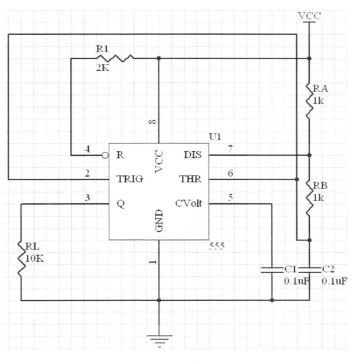

图 A-6　连接好的电路

（5）如果需要对某段导线的属性进行修改，可以双击该导线，打开如图 A-7 所示的【Wire】对话框，对导线的宽度、颜色等参数进行设置。如果用户要延长某段导线或改变导线上转折点的位置，可以不必重新绘制导线。只要在该段导线上单击，导线各个转折点就会出现黑色小方块，然后移动该黑色小方块进行修改即可。

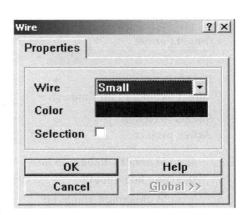

图 A-7　【Wire】对话框

2. 采用人工布线的方式生成 PCB

（1）准备工作。对"555 振荡电路原理图"中的每一个元件定义其 PCB 封装。首先，双击元件会弹出一个如图 A-8 所示的元件属性对话框，在【Footprint】文本框中添加该元件的管脚封装，本例分别选用 DIP8、AXIAL0.3、RAD0.1 作为 555 元件、电阻、电容的 PCB 封装，使其与 PCB 编辑环境里的封装相对应。

（2）生成网络表。在原理图编辑界面，选择【Design 设计】/【Create Netlist … 创建网络表】命令，如图 A-9 所示，弹出如图 A-10 所示的对话框，单击【OK】按钮，生成如图 A-11 所示的网络表。

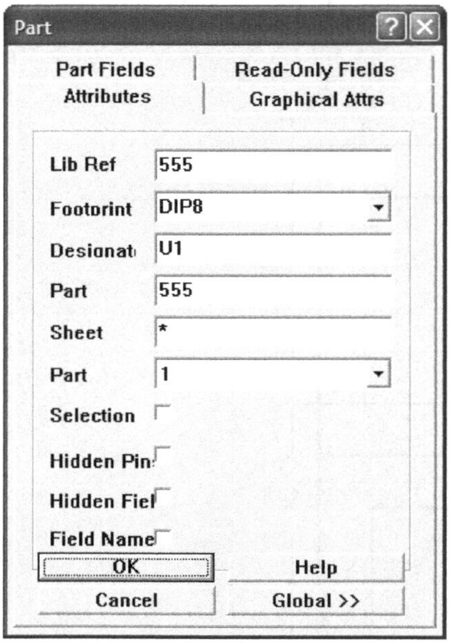

图 A-8　元件属性对话框

图 A-9　生成网络表命令

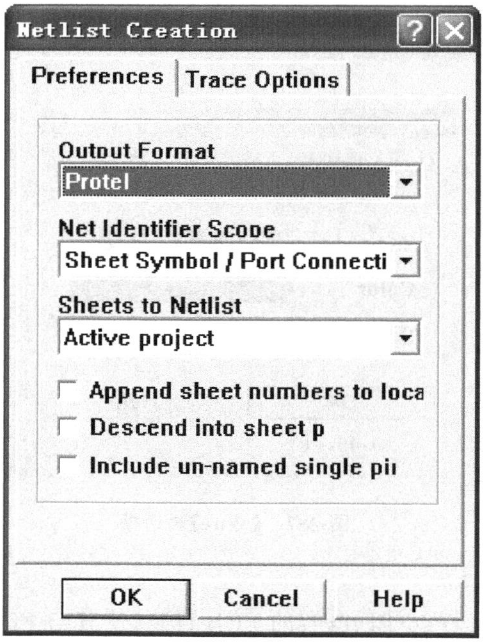

图 A-10　生成网络表设置对话框

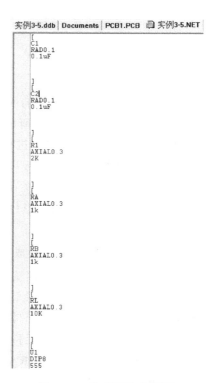

图 A-11　生成网络表界面

（3）新建 PCB 文件。将所有元件的封装添加完毕后，新建一个命名为"实例 A-1.PCB"的文件，在【KeepOutLayer】（禁止布线层）人工定义电路板的大小为 1 000 mil×1 000 mil，如图 A-12 所示。

图 A-12　定义电路板的大小

图 A-13　网络表命令

（4）导入网络表。打开 PCB 编辑界面，选择【Design 设计】/【Netlist… 网络表】命令，如图 A-13 所示，弹出如图 A-14 所示的【Load/Forward Annotate Netlist】对话框，单击【Browse…】按钮，选择网络表，如图 A-15 所示，然后单击【OK】按钮，随即弹出如图 A-16 所示的对话框，表示网络表添加成功，此时单击【Execute】按钮便可以将网络表导入 PCB 中。

（5）布局。打开导入网络表后的 PCB 文件，首先将所有元件封装移进电气边界线内，然后通过移动各个元件封装，使它们尽量布局合理，如图 A-17 所示。

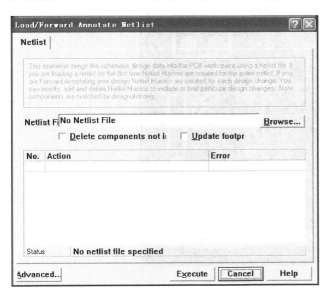

图 A-14　载入网络表对话框

图 A-15　选择网络表

（6）人工布线。对于一般的双面板来说，元件都默认导入【TopLayer】（顶层），如有其他需求，可以单击如图 A-18 所示图层选项卡选择图层。例如，当选项卡图示为【TopLayer】，则利用布线工具所布的线皆处于顶层。对于默认设置来说，【TopLayer】布线为红色，【BottomLayer】（底层）布线为蓝色，【TopOverLayer】（丝印层）布线为黄色，

【KeepOutLayer】(禁止布线层)布线为紫色等。采用人工布线,当【TopLayer】无法完成全部布线的时候,这时就需要切换到【BottomLayer】继续布线,本实例是一块双面板,布线结果如图 A-19 所示。

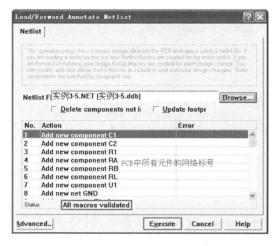

图 A-16　添加网络表成功

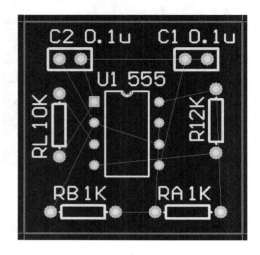

图 A-17　布置 PCB 板

TopLayer / BottomLayer / Mechanical1 / TopOverlay / KeepOutLayer / MultiLayer

图 A-18　图层选择选项卡

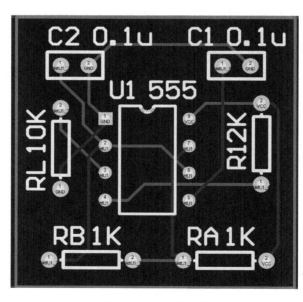

图 A-19　布线结果图

　　(7) 布线完成后,如果导线相对于焊盘来说比较细,这可以选择"滴泪"的方式过渡一下,对其进行一定的优化。如图 A-20 所示,选择【Tools 工具】/【Teardrops 泪滴焊盘】/【ADD 添加】命令,弹出如图 A-21 所示的对话框,一般默认为针对所有元件与过孔进行滴泪,单击【OK】按钮,效果如图 A-22 所示。

图 A-20 选择"滴泪"方式

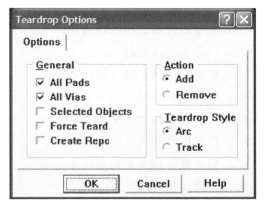

图 A-21 "滴泪"设置

（8）最后单击【Save】按钮，555 振荡电路的 PCB 制作完成，如图 A-23 所示。

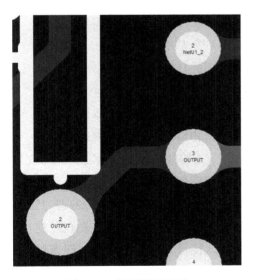

图 A-22 "滴泪"效果图

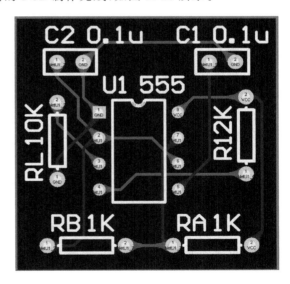

图 A-23 最终电路板

7400	二输入四与非门
7401	集电极开路二输入四与非门
7402	二输入四或非门
7403	集电极开路二输入四与非门
7404	六反相器
7405	集电极开路六反相器
7406	集电极开路六反相高压驱动器
7407	集电极开路六正相高压驱动器
7408	二输入四与门
7409	集电极开路二输入四与门
7410	三输入三与非门
74107	带清除主从 JK 触发器
74109	带预置清除正触发双 JK 触发器
74113	输入三与门
74112	带预置清除负触发双 JK 触发器
7412	开路输出三输入三与非门
74121	单稳态多谐振荡器
74122	可再触发单稳态多谐振荡器
74123	双可再触发单稳态多谐振荡器
7416	开路输出六反相缓冲/驱动器
74160	可预置 BCD 异步清除计数器
74161	可预置四位二进制异步清除计数器
74162	可预置 BCD 同步清除计数器
74163	可预置四位二进制同步清除计数器
74164	八位串行输入/并行输出移位寄存器
74165	八位并行输入/串行输出寄存器
74166	八位并行输入/串行输出移位寄存器
74169	二进制四位加减同步计数器
74417	开路输出六同相缓冲/驱动器
74170	开路输出 4×4 寄存器堆
74173	三态输出四位 D 寄存器
74174	带公共时钟和复位六 D 触发器
74125	三态输出高有效四总线缓冲门

74126	三态输出低有效四总线缓冲门
7413	四输入双与非施密特触发器
74132	二输入四与非施密特触发器
74133	13 输入与非门
74136	四异或门
74138	3-8 线译码器/复工器
74139	双 2-4 线译码器/驱动器
7414	六反相施密特触发器
74145	BCD-十进制译码/驱动器
7415	开路输出三输入三与门
74150	16 选 1 数据选择/多路开关
74151	8 选 1 数据选择器
74153	双 4 选 1 数据选择器
74154	4 线-16 线译码器
74155	图腾柱输出译码器/分配器
74156	开路输出译码器/分配器
74157	同相输出四 2 选 1 数据选择器
74158	反相输出四 2 选 1 数据选择器
74253	三态输出双 4 选 1 数据选择器/复工器
74256	双四位可寻址锁存器
74257	三态原码四 2 选 1 数据选择器/复工器
74258	三态反码四 2 选 1 数据选择器/复工器
74259	八位可寻址锁存器/3-8 线译码器
7426	二输入高压接口四与非门
74260	五输入双或非门
74266	二输入四异或非门
7427	三输入三或非门
74273	带公共时钟复位八 D 触发器
74279	四图腾柱输出 SR 锁存器
7428	二输入四或非门缓冲器
74283	四位二进制全加器
74175	带公共时钟和复位四 D 触发器
74180	九位奇数/偶数发生器/校验器

74181 算数逻辑单元/函数发生器	74375 四位双稳态锁存器
74185 二进制-BCD 代码转换器	74377 单边输出公共使能八 D 锁存器
74190 BCD 同步加/减计数器	74378 单边输出公共使能六 D 锁存器
74191 二进制同步可逆计数器	74379 双边输出公共使能四 D 锁存器
74192 可预置四位二进制双时钟可逆计数器	7438 开路输出二输入四与非缓冲器
74194 四位双向通用移位寄存器	74390 双十进制计数器
74195 四位并行通道移位寄存器	74393 双四位二进制计数器
74196 十进制/二-十进制可预置计数锁存器	7440 四输入双与非缓冲器
74197 二进制可预置锁存器/计数器	7442 BCD-十进制代码转换器
7420 四输入双与非门	74447 BCD-7 段译码器/驱动器
7421 四输入双与门	7445 BCD-十进制代码转换/驱动器
7422 开路输出四输入双与非门	74450 16:1多路转接复用器多工器
74221 双/单稳态多谐振荡器	74451 双 8:1多路转接复用器多工器
74240 八反相三稳态缓冲器/线驱动器	74453 四 4:1多路转接复用器多工器
74241 八同相三态缓冲器/线驱动器	7446 BCD-7 段低有效译码器/驱动器
74243 四同相三态总线收发器	74460 十位比较器
74244 八同相三态缓冲器/线驱动器	74461 八进制计数器
74245 八同相三态总线收发器	74465 三态同相二与使能端八总线缓冲器
74247 BCD-7 段 15V 输出译码/驱动器	74466 三态反相二使能端八总线缓冲器
74248 BCD-7 段译码/升压输出驱动器	74467 三态同相二使能端八总线缓冲器
74249 BCD-7 段译码/开路输出驱动器	74468 三态反相二使能端八总线缓冲器
74251 三态输出 8 选 1 数据选择器/复工器	74469 八位双向计数器
74380 多功能八进制寄存器	7447 BCD-7 段高有效译码/驱动器
7439 开路输出二输入四与缓冲器	7448 BCD-7 段译码/内部上拉输出驱动
74390 双十进制计数器	74490 双十进制计数器
74393 双四位二进制计数器	74491 十位计数器
7440 四输入双与非缓冲器	74498 八进制移位寄存器
7442 BCD-十进制代码转换器	74503 2-3/2-2 输入双与或非门
74352 双 4 选 1 数据选择器/复工器	74502 八位逐次逼近寄存器
74353 三态输出双 4 选 1 数据选择器/复工器	74503 八位逐次逼近寄存器
74365 门使能输入三态输出六同相线驱动器	7451 2-3/2-2 输入双与或非门
74366 门使能输入三态输出六反相线驱动器	74533 三态反相八 D 锁存器
74367 4/2线使能输入三态六同相线驱动器	74534 三态反相八 D 锁存器
74368 4/2线使能输入三态六反相线驱动器	7454 四路输入与或非门
7437 开路输出二输入四与非缓冲器	74540 八位三态反相输出总线缓冲器
74373 三态同相八 D 锁存器	7455 四路输入二路输入与或非门
74374 三态反相八 D 锁存器	74563 八位三态反相输出触发器

74564　八位三态反相输出 D 触发器

74573　八位三态输出 D 触发器

74574　八位三态输出 D 触发器

74645　三态输出八同相总线传送接收器

74670　三态输出 4×4 寄存器堆

7473　带清除负触发双 JK 触发器

7474　带置位复位正触发双 D 触发器

7476　带预置清除双 JK 触发器

7483　四位二进制快速进位全加器

7485　四位数字比较器

7486　二输入四异或门

7490　可二/五分频十进制计数器

7493　可二/八分频二进制计数器

7495　四位并行输入/输出移位寄存器

7497　六位同步二进制乘法器

参考文献

［1］王毓银. 数字电路逻辑设计［M］. 2 版. 北京:高等教育出版社,2005.

［2］唐志宏,韩振振. 数字电路与系统［M］. 北京:北京邮电大学出版社,2008.

［3］康华光. 电子技术基础(数字部分)［M］. 5 版. 北京:高等教育出版社,2006.

［4］阎石. 数字电子技术基础［M］. 5 版. 北京:高等教育出版社,2006.

［5］杨欣,莱·诺克斯,王玉凤,等. 电子设计从零开始［M］. 2 版. 北京:清华大学出版社,2010.

［6］邓奕. Protel 99 SE 原理图与 PCB 设计及仿真(全彩版)［M］. 北京:人民邮电出版社,2013.

［7］邓奕. 电子线路 CAD 实用教程［M］. 2 版. 武汉:华中科技大学出版社,2014.